四川省“十四五”职业教育
省 级 规 划 教 材

数字印刷品制作与输出

姚瑞玲 张永鹤 主编

化学工业出版社
·北京·

内容简介

本书为新形态一体化、活页式教材，全书基于工作岗位需求与数字印刷员职业等级考核要求，引入数字印刷企业典型工作任务，以企业典型产品制作的工作过程为主线，设计“模块—任务—工作过程”的体例组织内容，按照“任务导入—制定计划—任务实施—检查评价—总结反馈—拓展学习”的环节组织学习过程，以学生“学”为中心，变教材为学材，着力提高学生学习的主动性和有效性。书中由传统到创新、由纸媒到融媒，共设 2 个方向、5 个模块、9 个任务、36 个工作过程，涵盖单页印刷品、书刊类印刷品、包装类印刷品、普通数字出版物、交互类数字出版物等的制作与输出。本书配套丰富的数字资源，扫描二维码可查看微课视频、企业案例视频、题库、检测报告模板等，登录化工教育网可下载课件、教案、教学大纲、试题答案、任务素材等。

本书可作为高等院校印刷类、包装类、艺术设计类相关专业教材，也可供数字出版物设计与制作人员工作时参考使用。

图书在版编目（CIP）数据

数字印刷品制作与输出 / 姚瑞玲，张永鹤主编．—北京：化学工业出版社，2024.3
ISBN 978-7-122-44933-7

Ⅰ.①数…　Ⅱ.①姚…②张…　Ⅲ.①数字印刷　Ⅳ.①TS805.4

中国国家版本馆 CIP 数据核字（2024）第 039842 号

责任编辑：张　阳
责任校对：王鹏飞
装帧设计：张　辉

出版发行：化学工业出版社
（北京市东城区青年湖南街 13 号　邮政编码 100011）
印　　装：中煤（北京）印务有限公司
787mm×1092mm　1/16　印张 12¼　字数 278 千字
2024 年 4 月北京第 1 版第 1 次印刷

购书咨询：010-64518888
售后服务：010-64518899
网　　址：http://www.cip.com.cn
凡购买本书，如有缺损质量问题，本社销售中心负责调换。

定　　价：65.00元　

《数字印刷品制作与输出》编写人员

主　　编　姚瑞玲　张永鹤

副 主 编　魏建斌　张玉红　张彦粉

编写人员　姚瑞玲（四川工商职业技术学院）

张永鹤（四川工商职业技术学院）

魏建斌（四川工商职业技术学院）

张玉红（四川工商职业技术学院）

张彦粉（东莞职业技术学院）

黄光锐（四川特师科印务有限公司）

王雨萌（四川工商职业技术学院）

张　璐（四川工商职业技术学院）

邹联书（四川省湘印天下数字印刷有限公司）

梁　晓［柯尼卡美能达办公系统（中国）有限公司成都分公司］

刘进成（成都汇彩设计印务有限公司）

许志文（成都传世文化有限公司）

雷成良（四川工商职业技术学院）

主　　审　刘激扬［永发印务（成都）有限公司］

前言

为深入学习贯彻党的二十大精神，响应教育部印发的《职业院校教材管理办法》〔教高（2019）3号〕、《高等学校课程思政建设指导纲要》〔教高（2020）3号〕，强化"做中学，学中做""服务宗旨，以就业为导向"的职业教育思想，全方位推进习近平新时代中国特色社会主义思想进课堂，切实践行"以人为本，全面发展"的教育理念，培养新时代高素质印刷人才，我们编写了这本教材。本教材以爱岗敬业、精益求精、创新匠行、数字赋能、交互引领为素质培育主线，在提升学生技能的同时，强化其理想信念和职业道德。本教材入选四川省"十四五"职业教育省级规划教材。

全书基于工作岗位需求与数字印刷员职业等级要求，引入数字印刷企业典型工作任务，以企业典型产品制作的工作过程为主线，设计"模块—任务—工作过程"的体例组织内容，按照"任务导入—制定计划—任务实施—检查评价—总结反馈—拓展学习"的环节组织学习过程，以学生"学"为中心，变教材为学材，着力提高学生学习的主动性和有效性。

本教材具体内容设置如下。纸媒方向，包含三个模块六个任务。模块一为单页印刷品制作与输出，包括工程图制作与输出、折页制作与输出两个工作任务；模块二为书刊类印刷品制作与输出，包括宣传画册制作与输出、精装书制作与输出两个工作任务；模块三为包装类印刷品制作与输出，包括折叠纸盒制作与输出和精品盒制作与输出工作任务。融媒方向，包括两个模块三个任务。模块四为普通数字出版物制作与输出，含数字报纸制作与输出、电子图书制作与输出两个工作任务；模块五为交互类数字出版物制作与输出，即交互式绘本的制作。

本教材为新形态一体化、活页式教材，书中配有丰富的课程资源，包括课件、微视频、企业案例、竞技题库等，可登录智慧职教平台，搜索本课程名称“数字出版物设计与制作”，找到相关资源自行下载或在线学习。为满足学生个性化学习需求，书中每个任务知识点均精准配套了数字化学习资源，可扫描书中二维码观看、学习，或登录化工教育网注册后下载、使用。

本书模块一任务一由四川工商职业技术学院张永鹤编写，任务二由四川工商职业技术学院姚瑞玲编写；模块二任务一由四川工商职业技术学院王雨萌和张璐编写，任务二由东莞职业技术学院张彦粉编写；模块三任务一由四川特师科印务有限公司黄光锐编写，任务二由四川省湘印天下数字印刷有限公司邹联书和成都传世文化有限公司许志文编写；模块四任务一由四川工商职业技术学院魏建斌和雷成良编写，任务二由柯尼卡美能达办公系统（中国）有限公司成都分公司梁晓和成都汇彩印务有限公司刘进成编写；模块五由四川工商职业技术学院张玉红编写。全书由姚瑞玲统稿，永发印务（成都）有限公司刘激扬担任主审。

本书在编写过程中参考了大量由行业前辈和教育同仁撰写的专业书籍、专业论文，同时得到了四川工商职业技术学院、东莞职业技术学院等学校相关专家的精心指导，以及成都汇彩设计印务有限公司、四川省湘印天下数字印刷有限公司、永发印务（成都）有限公司的大力支持，在此致以诚挚感谢。

数字印刷技术涉及的学科和范围很广，书中难免出现疏漏和不妥之处，恳请各位专家和读者批评指正。

编 者

目录

模块四　普通数字出版物制作与输出　123

模块五　交互类数字出版物制作与输出　163

参考文献　187

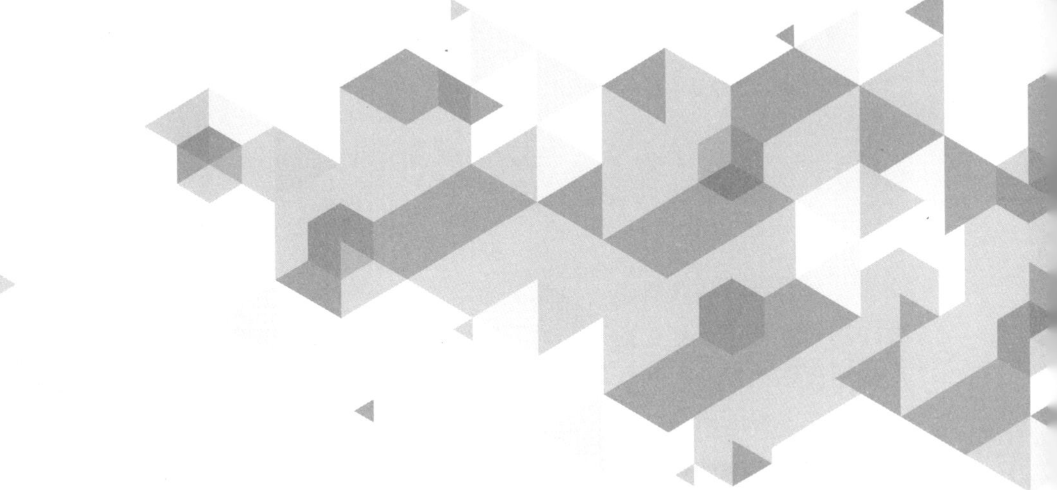

模块一
单页印刷品制作与输出

任务一　工程图制作与输出

学习引导

请观看模块一任务一学习引导微课，了解任务一的学习内容、学习目标和学习过程，做好学习准备。

模块一任务一
学习引导

学习过程

学习环节	具体学习内容
任务导入	获取任务相关信息，明确工程图制作与输出任务
制定计划	在导师指导下，各小组完成工程图的检查，讨论输出过程方案，或制定好计划
任务实施	在导师指导下，各小组完成工程图制作与输出工作过程，并得到结果
检查评价	依据企业自编《建筑工程施工图图样质量要求》，通过自评、互评和导师评价等多元化评价方式进行成品检测与评价
总结反馈	学生与导师对学习情况进行总结与反馈
拓展学习	完成工程图制作与输出相关知识点的自我考核，以及职业技能等级认定题库的练习

（一）任务导入

1. 学习情景

某建筑勘察设计有限公司为某置业有限公司设计了一套施工图，如图 1-1 所示，需要印制 100 份用于施工指导，另需胶装印制 2 本，交当地住建部门用于存档。所有工程图均用蓝图纸打印。制作周期为 1 天。图 1-2 为用于输出的 PDF 电子文件。图 1-3 为交给客户的工程图成品。工程图制作任务素材可在本书封底链接地址下载。

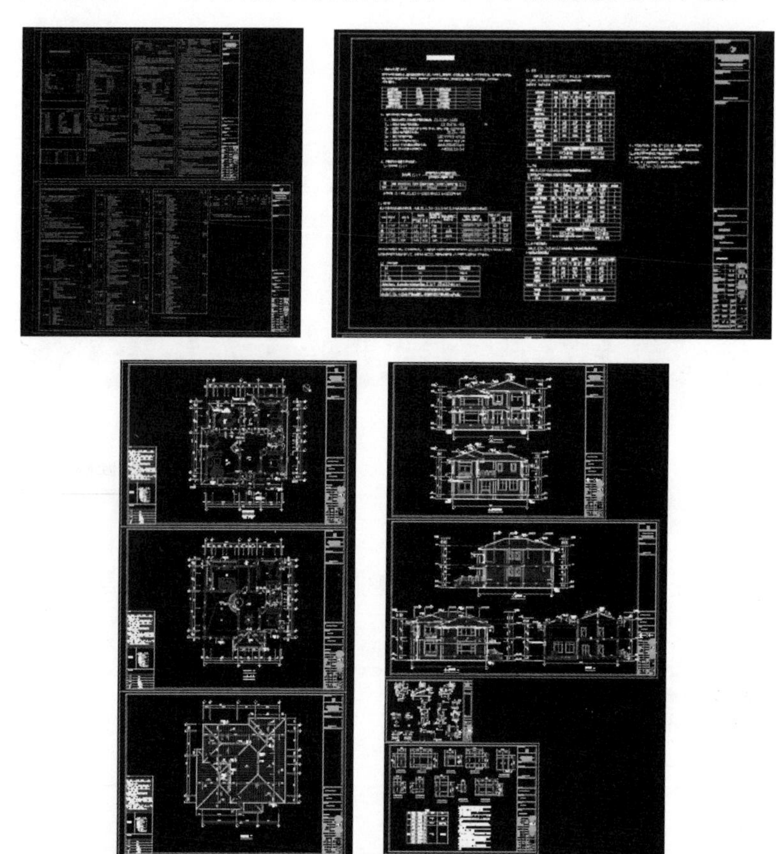

图 1-1　工程图原稿（电子稿）

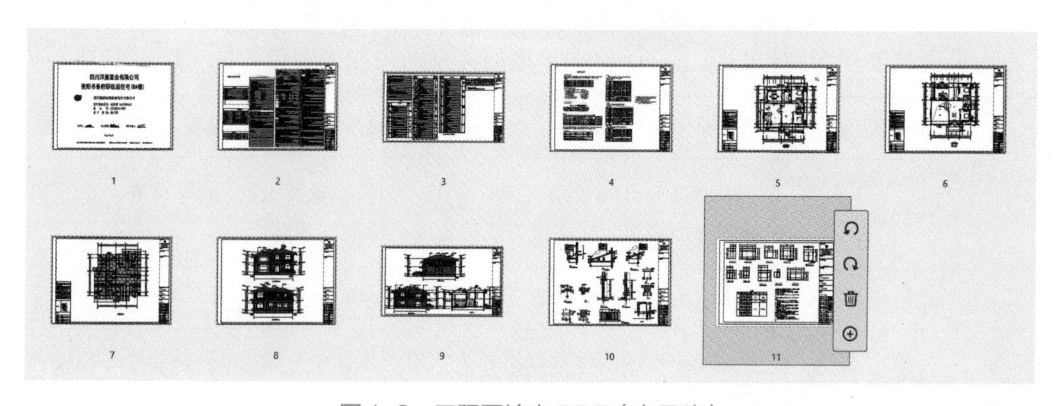

图 1-2　工程图输出 PDF（电子稿）

图 1-3　工程图成品（纸质稿）

2. 学习目标

通过对工程图的检查与输出的学习，要掌握以下学习目标。

目标类型	目标内容
知识目标	通过阅读和分析工单，能正确理解工单内容，熟悉工程图常用材料及尺寸
	通过微课资源自主学习，能熟知工程图输出常见错误，并掌握修改方法
	通过叠图制作实践，能够知晓工程图叠图原则及装订要求
技能目标	能根据任务工单要求，准备用于输出的原材料
	能使用 CAD 软件对客户源文件进行印前检查
	能利用 Acrobat 软件或点源通软件对工程图进行切图处理，生成可用于生产的 PDF 文件
	能正确设置打印参数及叠图参数，完成工程图印刷、装订和折叠
素质目标	从节约成本角度，选择用于工程图输出的最佳纸张尺寸
	理解产品质量意义后，进一步思考如何通过规范意识保证产品质量

3. 学习方案

为了完成工程图制作与输出产品案例，请阅读学习安排表和任务知识体系表。如有疑问，请咨询导师。

学习安排表

学习主题	学习方式	学习时长	学习资源	学习工具
建筑工程图输出	课堂学习	2 学时	课堂学习资料	1. 工程图处理软件 AutoCAD 2020、天正建筑插件； 2. 切图软件点源通； 3. PDF 编辑软件 Acrobat； 4. 工程绘图仪
	实训学习	2 学时	任务素材（宣传册电子稿、拼版稿、印前检查完善稿）	
	网络学习	1 周内	自主学习资料、企业案例、微课	

任务知识体系表

学习主题	知识类型	知识点	资源	学习进度
工作过程1：审阅工单，确定任务	核心概念	工程图的分类，工程图的印刷材料及尺寸，常见工程图输出设备，叠图机的工作原理	微课：认识工程图输出	
	工作原则	保密原则		
	工作方法和内容	审阅业务部门下发的活件流转单，详细记录关键信息		
	工具	FTP、邮件、网盘等		
工作过程2：数据接收，文件审核	核心概念	工程图输出常见错误及解决方法		
	工作原则	文件素材的完整性		
	工作方法和内容	CAD文件输出比例核算，CAD文件缩放输出，CAD文件字体出错修改，CAD文件图纸倾斜调整，CAD文件链接图使用，CAD输出打印图层调整	微课：CAD软件中文件输出检查 微课：点源通软件中文件输出检查	
	工具	1.Auto CAD；2.Acrobat；3. 点源通		
工作过程3：规范文件，生产制作	核心概念1	打印输出参数设置	企业案例：打印参数设置	
	核心概念2	工程图折叠装订方法	微课：工程图折叠	
	核心概念3	点源通批量处理	企业案例：点源通批量处理方法	
	工作原则	规范化生产操作原则，节能环保原则		
	工作方法和内容	在Acrobat中设置印前检查方案，进行文件检查和文件制作		
	工具	1. Auto CAD；2. 点源通；3. Acrobat		
工作过程4：质量检测，整理整顿	核心概念	工程图质量检测方法	文本资料：质量检测方法试题题库	
	工作原则	安全意识、质量意识、6S管理		
	工作方法和内容	按照《某图文快印有限公司工程图检测标准》进行质量检测，分小组完成检测报告		
	工具	直尺、爱色丽色差仪等		

4. 学生分组

课前，请同学们根据异质分组原则完成分组，在规定时间内完成学习组长的选定。学习任务分组模板见下表。同时撰写出各成员的个性特点及专业特长。此分组情况，根据后续学习情况会进行及时更新。

学习任务分组

<table>
<tr><td rowspan="7">班级：</td><td rowspan="7">组别：</td><td>成员姓名</td><td>个性特点</td><td>专业特长</td></tr>
<tr><td></td><td></td><td></td></tr>
<tr><td></td><td></td><td></td></tr>
<tr><td></td><td></td><td></td></tr>
<tr><td></td><td></td><td></td></tr>
<tr><td></td><td></td><td></td></tr>
<tr><td colspan="3">组长：</td></tr>
<tr><td colspan="5">任务分工</td></tr>
<tr><td colspan="5"></td></tr>
</table>

5. 知识获取

根据学习要求，请先自主学习、查询并整理相关概念信息。

关键知识清单：工程图分类、工程图制图材料种类及尺寸、常见工程图输出设备、叠图机的工作原理、CAD 软件使用、点源通软件使用、工程图折叠方法、绘图仪操作方法。

（1）学习目标

目标 1：正确查询或搜集关键知识清单中的概念性知识内容。

目标 2：描述关键知识清单中的概念性知识含义。

（2）学习活动

学习活动 1：查一查

以小组为单位，通过网络查询和相关专业书籍查阅，初步理解以上概念性知识。请将查询到的概念填写在下面（若页数不够，请自行添加空白页）。

学习记录

学习活动 2：说一说

以小组为单位，在组长的带领下，请每位同学用自己的语言说一说对以上概念的理解，并以图表形式记录下来。

学习记录

（二）制定计划

为了完成工程图检查与输出任务，需要制定合理的实施方案。

1. 计划

（1）学习目标

能够根据导师提供的学习材料，制定任务实施方案。

（2）学习活动：做一做

请通过岗位调研或学习引导视频，提出自己的实施计划方案，梳理出主要工作步骤并写出来，尝试绘制工作流程图。（可用电子版表格填写，电子版表格模板请从本书素材中下载）

学习记录

2. 决策

（1）学习目标

在组长的带领下，能够筛选并确定小组内最佳任务实施方案。

（2）学习活动：选一选

在组长的带领下，经过小组讨论比较，得出 2 个方案。导师审查各小组的实施方案并提出整改意见。各小组进一步优化实施方案，确定最终方案，并将最终方案填写下来。

学习记录

（三）任务实施

为完成工程图制作与输出任务，必须进行以下 4 个工作过程学习。

· 工作过程 1　审阅工单，确定任务 ·

1. 学习目标

目标类型	学习目标	学习活动	学习方式
知识目标	通过学习，能够掌握工程图类型、常见工程图纸尺寸等知识	学习活动 1	课堂学习、岗位学习
技能目标	通过了解工程图输出设备和叠图机工作原理，能够完成输出设备及叠图机的选用	学习活动 2	自主学习、岗位学习
素质目标	通过工单审阅学习，逐步掌握统筹安排工作的素养能力	学习活动 3	自主学习、岗位学习

2. 学习活动

学习活动 1：找一找

通过阅读模块一任务一工单，找一找“工程图输出”订单用到的材料、工具、工艺是什么，同时，记录查阅过程中的疑问。

模块一任务一工单

认识工程图输出

学习记录

学习活动 2：做一做

请根据任务一工单信息，记录应选用的绘图仪输出设备，判断是否能使用叠图机进行自动折叠图纸。

学习记录

学习活动 3：想一想

业务部门已经下发的任务工单中写的是 100 份，但是又突然口头通知将成品数量改为 150 份，遇到这种情况，你应该怎么处理，请将你的处理方法记录下来。

学习记录

3. 课后练习

学习活动：做一做

根据企业安排和所提供的学习素材（请在本书封底链接地址下载），独立完成“审阅工单，确定任务”练习任务。请将岗位练习成果或总结整理汇总，放置在活页教材中，并在下次辅导时提交给导师。如遇到疑问或挑战，要及时通过“工匠讲堂”线上平台咨询导师。

学习记录

· 工作过程 2　数据接收，文件审核 ·

1. 学习目标

目标类型	学习目标	学习活动	学习方式
知识目标	能准确归纳工程图输出的常见错误；明确解决错误的方法	学习活动 1	课堂学习、岗位学习
技能目标	能分别利用 CAD 软件和点源通软件处理工程图常见错误	学习活动 2	课堂学习、岗位学习

2. 学习活动

学习活动 1：说一说

通过扫描二维码“CAD 软件中文件输出检查”和“点源通软件中文件输出检查”，向组内其他同学说一说你对 CAD 文件输出比例核算、CAD 文件缩放输出、CAD 文件字体出错修改、CAD 文件图纸倾斜调整、CAD 文件链接图使用、CAD 输出打印图层调整等内容的理解，并将过程记录下来。

CAD 软件中文件输出检查

点源通软件中文件输出检查

学习记录

学习活动 2：做一做

对在学习情景中下载的客户文件进行审核，快速检查客户提供的图文资料是否存在有错别字、图片严重偏色、清晰度不够等问题。若无问题，请将文件导入印刷前端处理器中。若有问题，将问题记录下来。

学习记录

3. 课后练习

学习活动：做一做

根据企业安排和所提供的学习素材（请在本书封底链接地址下载），独立完成“数据接收，文件审核”练习任务。请将岗位练习成果或总结整理汇总，放置在活页教材中，并在下次辅导时提交给导师。如遇到疑问或挑战，要及时通过“工匠讲堂”线上平台咨询导师。

学习记录

· 工作过程 3　规范文件，生产制作 ·

1. 学习目标

目标类型	学习目标	学习活动	学习方式
技能目标	能熟练使用打印机并准确完成参数设置	学习活动 1、2	课堂学习、岗位学习
	能熟练完成叠图机参数设置	学习活动 3、4	岗位学习
素质目标	在理解产品质量意义后，进一步思考如何通过提升规范意识保证产品质量	学习活动 5	岗位学习

2. 学习活动

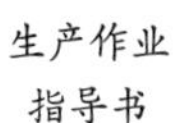

生产作业指导书

打印参数设置

学习活动 1：做一做

根据工程图生产作业指导书要求，在规定时间内，完成打印机参数设置，并记录操作时间，评出“最快输出能手”。

学习记录

学习活动 2：做一做

扫二维码学习点源通批量处理方法。根据提供的设备和纸张，完成工程图文件的打印。记录打印过程中纸张大小、打印质量、颜色等参数。注意观察打印情况，并保存好打印好的工程图。

点源通批量处理方法

学习记录

学习活动 3：比一比

➢ 活动名称：工程图折叠练习。

➢ 活动目标：针对不同尺寸工程图，能够正确完成折叠。

➢ 活动时间：建议时长 15～20 分钟。

➢ 活动内容：扫码学习工程图折叠视频，根据 GB/T 10609.3—2009《技术制图 复制图的折叠方法》标准，折叠出相应尺寸的工程图，比一比谁折叠得又快又准确，并总结工程复制图的折叠规律。

工程图折叠

GB/T 10609.3—2009

➢ 活动工具：投票统计工具。

学习记录

学习活动 4：做一做

小组讨论：工程图文件的打印样需要检查或者核对哪些项目？

针对这些项目进行印刷文件校对。如果有错，请在样张中标示出，然后在电子文件中进行修改。

学习记录

学习活动 5：想一想

第一份成品印刷无误后，就可以批量印刷了。印完 100 份大概需要 30 分钟，小明认为正好可以趁这个时间刷一下短视频，毕竟都已经忙碌一早上了。请问这种做法对吗？如果是你，你该怎么做？请把你的做法写在下面。

学习记录

3. 课后练习

学习活动：做一做

根据企业安排和提供的学习素材（请在本书封底链接地址下载），独立完成“规范文件，生产制作”练习任务。在操作过程中，如有疑问，要进入“工匠讲堂”及时与导师进行沟通完善。

学习记录

· 工作过程 4 质量检测，整理整顿 ·

1. 学习目标

目标类型	学习目标	学习活动	学习方式
知识目标	熟知建筑工程施工图图样质量要求	学习活动 1	自主学习 课堂学习
技能目标	能根据企业自编《建筑工程施工图图样质量要求》文件对输出的图纸质量进行评价	学习活动 2	岗位学习
	能完成对不合格品问题的分析与整理	学习活动 3	岗位学习
素质目标	在岗位学习过程中，养成整理整顿的工作习惯	学习活动 4	岗位学习

2. 学习活动

学习活动 1：测一测

通过学习企业自编《建筑工程施工图图样质量要求》文件，小组成员通过互相提问的方式，对检测指标、检测方法等知识点进行巩固。将知识点中未能掌握的内容记录下来，以便进行查缺补漏，逐步掌握。

建筑工程施工图图样质量要求

质量检测方法考核题库

学习记录

学习活动 2：做一做

请各组同学依照检测标准规范要求，对给出的工程图样品进行质量检测，给出质量检测报告及修改建议。

学习记录

学习活动 3：议一议

质量检测报告

各小组完成成品检测后，查看质量检测报告，逐个核对检测指标的规范性、合格性。对于个别未达标的指标进行问题分析，分析影响产品质量的原因，并提出改进计划。

学习记录

学习活动 4：说一说

某企业生产现场视频

通过观看导师提供的某企业生产现场视频资料，说一说规范的 6S 管理制度、整理整顿的工作习惯，会给企业带来什么样的变化。

学习记录

3. 课后练习

学习活动：做一做

根据企业安排和提供的学习素材（请在本书封底链接地址下载），独立完成“质量检测，整理整顿”练习任务。在操作过程中，如有疑问，要进入“工匠讲堂”及时与导师进行沟通完善。

学习记录

（四）检查评价

学习活动 1：评一评

- ➢ 活动名称：学习质量评价。
- ➢ 活动目标：能够正确使用学习评价表，完成学习质量评价。
- ➢ 活动时间：建议时长 10～15 分钟。
- ➢ 活动方法：自我评价，小组评价，导师评价。
- ➢ 活动内容：根据学习过程数据记录，进行自我评价、小组评价和导师评价。
- ➢ 活动工具：学习评价表。
- ➢ 活动评价：提交评价结果、导师反馈意见。

学习记录

学习活动 2：评一评

先根据评分表梳理整个操作环节，并进行自我评价，然后将表交给组长进行组内互评，最后由导师进行评价。

学习检查与评价

班级：　　　　　　　　　　任务名称：　　　　　　　　　　组别：

工作任务			评价内容	自评	组内互评	导师评价
任务导入（15分）			查找与任务有关的资料			
			主动咨询			
			认真学习与任务有关的知识技能			
			团队积极研讨			
			团队合作			
制定计划（15分）			1. 完成计划方案（10分） 计划内容详尽 格式标准 思路清晰 团队合作			
			2. 分析方案可行性（5分） 方案合理 分工合理 任务清晰 时间安排合理			
任务实施（共70分）	技能评价（50分）	工作过程1：审阅工单，确定任务	能够正确对接工艺员			
			能够正确分析工单			
			能够明确任务			
		工作过程2：数据接收，文件审核	能完成CAD文件输出比例核算			
			能正确完成CAD文件缩放输出			
			能正确完成CAD文件字体出错修改			
			能正确完成CAD文件链接图使用			
			能正确完成CAD输出打印图层调整			
		工作过程3：规范文件，生产制作	能正确完成打印输出参数设置			
			能正确完成工程图折叠			
			能正确使用点源通软件完成批量处理			

续表

工作任务			评价内容	自评	组内互评	导师评价
任务实施（共70分）	技能评价（50分）	工作过程4：质量检测，整理整顿	工程图是否字迹清楚，图样清晰，图表整洁			
			工程图签字盖章手续是否完备			
			工程图中文字材料幅面尺寸规格是否为A4幅面（297mm×210mm）。图纸是否采用国家标准图幅			
			工程图的纸张是否采用能够长期保存的韧力大、耐久性强的纸张			
			所有竣工图是否加盖竣工图章			
			不同幅面的工程图纸是否统一折叠成A4幅面，且图标栏露在外面			
			能够及时完成整理整顿工作			
	方法与能力评价（10分）		分析解决问题能力 组织能力 沟通能力 统筹能力 团队协作能力			
	思政素质考核（10分）		课堂纪律 学习态度 责任心 安全意识 成本意识 质量意识			

总分：

导师评价：

导师签名：

评价时间：

（五）总结反馈

学习活动 1：反思与总结

➢ 活动名称：学习反思与总结。

➢ 活动目标：能够在导师和组长的带领下，完成 PPT 报告总结和视频总结。

➢ 活动时间：建议时长 30 分钟。

➢ 活动方法：自我评价，代表分享，导师评价。

➢ 活动内容：首先请小组代表以 PPT 或思维导图总结形式完成课堂分享。然后布置课后作业，要求每位学生在组内以 PPT 报告的形式完成学习经验的分享，并将分享过程录制成视频，在下课前交给导师。

➢ 活动工具：PPT 或思维导图。

➢ 活动评价：提交反思与总结结果、导师反馈意见。

学习记录

学习活动 2：评一评

以学习小组为单位，评出你所在学习小组的最佳作品或成果，以及最佳学习代表。

学习记录

（六）拓展学习

拓展学习 1：岗位学习

请依据已学完的整个工作流程，独立完成企业提供的工程图制作与输出任务。拓展学习任务素材可在本书封底链接地址下载。练习过程中遇到任何问题，可记录在拓展学习记录中，必要时可咨询导师，解决练习过程中的难题。

学习记录

拓展学习 2：赛项竞技

本任务所学内容为数码快印连锁店真实岗位内容，请扫码查看岗位考核题库，完成与本任务有关的试题测试，如实记录得分情况，并认真分析错题。

岗位考核题库

学习记录

得分情况： 班级名次： 错题分析：

任务二　折页制作与输出

学习引导

请观看模块一任务二学习引导微课，了解任务二的学习内容、学习目标和学习过程，做好学习准备。

模块一任务二学习引导

学习过程

学习环节	具体学习内容
任务导入	获取任务相关信息，明确宣传折页制作与输出任务
制定计划	在导师指导下，各小组完成宣传折页制作输出过程方案或制定好计划
任务实施	在导师指导下，各小组完成宣传折页制作与输出工作过程，并得到结果
检查评价	依据 GB/T 34503.3—2017 标准，通过自评、互评、导师评价等多元化评价方式，完成对宣传折页产品的检测与评价
总结反馈	学生与导师对学习情况进行总结与反馈
拓展学习	完成与折页制作、输出相关的其他企业案例内容，进行自我考核

（一）任务导入

1. 学习情景

某校近期将召开校园双选会，因毕业生宣传需要，需要承接制作 2023 届毕业生就业宣传资料的工作任务。订单数量为 1000 份，每份为 8 个页面，要求制作成折页形式，双面彩色印刷。制作周期为 7 天，期间包括与客户的方案交流、看样签样等环节。折页制作任务素材可扫码获取。宣传折页电子稿和纸质成品如图 1-4、图 1-5 所示。

折页制作任务素材

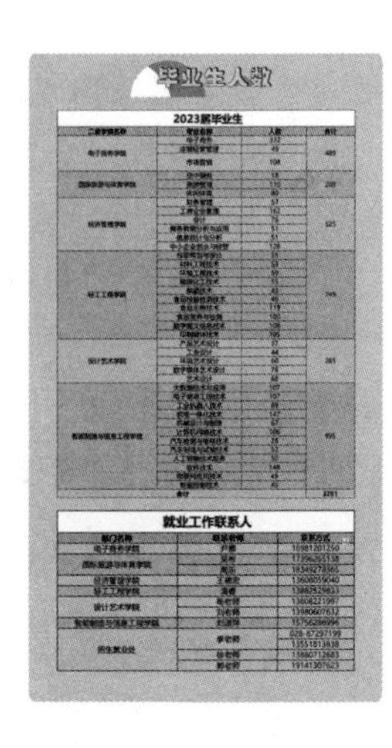

经济管理学院

[illegible]

大数据与会计

[illegible]

大数据与财务管理

[illegible]

工商企业管理

[illegible]

商务数据分析与应用

[illegible]

中小企业创业与经营

[illegible]

电子商务学院

都江堰电子商务学院打造了"创新链、培养链及产业链"三链融合的育人模式，深化和创新了"政、行、校、企、园"全新的办学模式。以"三基地四中心"为建设目标打造四川省电子商务产教融合创新示范平台，实现四川省电子商务产教融合创新平台的商务展示及示范功能。学院占地16000平方米，现有学生近1300名。学院实行董事会领导下的院长负责制，于2018年9月正式挂牌运行，成为全国首个"教育+实训+双创+产业"教育基地，并于2019年4月助力都江堰市成功申报四川唯一"全国电商十强县"，成效显著。

电子商务

专业学生面向电子商务运营管理经理、电商数据分析师、新媒体运营经理、产品运营经理、跨境电商经理等职业岗位。

市场营销

主要面向食品饮料、房地产等行业，营销专业学生综合素质高，实战能力强，多次在全国全省各类营销大赛中获得奖项。

连锁经营与管理

连锁经营与管理专业主要与连锁百强企业进行校企深度合作培养"职业店长"，采用"店长订单班"的人才培养模式，学生在校期间参加专业技能竞赛获得国家级和省级多项奖项。

国际旅游与体育学院

国际旅游与体育学院现有专兼职教师30余人，其中高级职称及博士学历教师11人，国家金牌导游1人，中文高级导游2人，全国导游资格考试现场考试考评员5人，海外学习背景师资近60%，双师型教师达到90%以上。拥有"三通道"导游模拟实训室、茶艺实训室、餐饮实训室、调酒实训室、数字旅游实验室等实训场所和50余处校外实习实训基地。学院与瑞士SEG酒店管理教育集团、西班牙王国托莱多高级美食与酒店管理学院、日本大阪YMCA专门学校、泰国格乐大学、洲际酒店管理集团、万豪酒店集团、中国旅行社、众信旅游集团、宝中旅游等数十所海外高校和国际知名旅游企业有长期战略合作关系，为学生海外深造和实习提供了广阔的渠道和丰富的项目。

酒店管理与数字化运营

毕业生可从事酒店集团的前台接待、房务管理、宴会策划、餐饮管理、客户关系管理、大堂经理等岗位的一线督导和中基层管理工作。

旅游管理

毕业生可从事旅行社导游、海外领队、旅行管家，景区景点讲解员，研学机构研学旅行导师等工作。

休闲体育

毕业生可就业任职于体育产业公司（户外运动俱乐部、健身休闲俱乐部、体育赛事公司、青少年体育培训机构等），休闲体育管理机构或公益机构（体育行政单位、全民健身中心、企业工会或培训部、公共体育活动、社区、景区等）等单位。

学校地址：[illegible]
咨询电话：028-87282243（招办）87297199（就业办）
学校网址：[illegible]
邮 编：611830

学校介绍

基本情况

[illegible]

学校荣誉

[illegible]

专业优势

[illegible]

育人成果

[illegible]

轻工工程学院

[illegible]

食品生物技术

[illegible]

食品检验检测技术

[illegible]

酿酒技术

[illegible]

食品智能加工技术

[illegible]

印刷媒体技术

[illegible]

包装策划与设计

[illegible]

印刷数字图文技术

[illegible]

环境工程技术

[illegible]

材料工程技术

[illegible]

设计艺术学院

[illegible]

智能制造与信息工程学院

[illegible]

机电一体化技术

[illegible]

机械设计与制造

[illegible]

智能控制技术

[illegible]

物联网应用技术

[illegible]

电子信息工程技术

[illegible]

新能源汽车技术（中德先进职业教育（SGAVE）项目）

[illegible]

汽车技术服务与营销

[illegible]

软件技术

[illegible]

大数据技术

[illegible]

图 1-4 毕业宣传折页（电子稿）

图 1-5 宣传折页成品（纸质稿）

2. 学习目标

通过对的折页产品制作与输出的学习，达到以下学习目标。

目标类型	目标内容
知识目标	通过阅读和分析工单，能够正确理解生产工单的内容、构成元素
	通过微课资源的自主学习，掌握折页的分类、尺寸、折页方法
	通过折页制作实践，掌握折页的设计技巧、制作工艺
技能目标	能独立接受折页产品客户订单，对文件进行初步检测
	能制定宣传折页的印前文件检查方案
	能独立完成折页设计修改、打印、制作任务
素质目标	在保证客户需求的基础上，具备成本意识、绿色环保理念
	在理解产品运用领域的同时，具备创新设计思维能力

3. 学习方案

为了完成折页制作与输出产品案例，请阅读学习安排表和项目识体系表，如有疑问，请咨询导师。

学习安排表

学习主题	学习方式	学习时长	学习资源	学习工具
毕业宣传折页	课堂学习	2 学时	课堂学习资料	1. 图形处理软件 Illustrator，图像处理软件 Photoshop，制作软件 Indesign； 2. 数字印刷机
	实训学习	2 学时	任务素材（宣传册电子稿、拼版稿、印前检查完善稿）	
	网络学习	1 周内	自主学习资料、企业案例微课视频	

任务知识体系表

学习主题	知识类型	知识点	资源	学习进度
工作过程 1：审阅工单，确定任务	核心概念	出样类别、工艺流程、工作任务	阅读材料：任务工单 微课：折页材料选择	
	工作原则	保密原则、创新性原则		
	工作方法和内容	审阅设计部门下发的活件流转单		
	工具	FTP、邮件、网盘等		

续表

学习主题	知识类型	知识点	资源	学习进度
工作过程2：数据接收，文件审核	核心概念	客户文件类型		
	工作原则	保证文件素材的完整性		
	工作方法和内容	检查文字的正误、链接图的完整性、图片的偏色程度、出血情况	微课：折页设计规范	
	工具	1. Illustrator；2. Photoshop；3. Indesign		
工作过程3：规范文件，生产制作	核心概念	折页分类、折页方法、折页尺寸、折页设计技巧	微课：折页认识	
	工作原则	印刷生产符合规范性要求，节约成本，材料选择得当	微课：折页材料选择	
	工作方法和内容	1. 在 Acrobat 中设置印前检查方案，进行文件检查和文件制作； 2. 完成打印前设备校正； 3. 打印输出宣传折页	微课：建立印前检查方案 企业案例：设备校正 企业案例：折页打印操作	
	工具	1. Illustrator；2. Photoshop；3. Acrobat		
工作过程4：质量检测，整理整顿	核心概念	外观质量（成品尺寸偏差、成品歪斜误差），图文印刷质量（文字、线条、色差等），表面整饰质量（覆膜、上光、烫印等）	阅读材料：折页质量检测标准	
	工作原则	安全意识、质量意识、6S管理		
	工作方法和内容	按照 GB/T 34053.3—2017 进行质量检测并分小组完成检测报告		
	工具	分光光度计、直尺等		

4. 学生分组

课前，请同学们根据异质分组原则完成分组，在规定时间内完成组长的选定。学习任务分组模板见下表。同时撰写出各成员的个性特点及专业特长。此分组情况根据后续学习情况会及时进行更新。

学习任务分组

<table>
<tr><td rowspan="7">班级：</td><td rowspan="7">组别：</td><td>成员姓名</td><td>个性特点</td><td>专业特长</td></tr>
<tr><td></td><td></td><td></td></tr>
<tr><td></td><td></td><td></td></tr>
<tr><td></td><td></td><td></td></tr>
<tr><td></td><td></td><td></td></tr>
<tr><td></td><td></td><td></td></tr>
<tr><td colspan="3">组长：</td></tr>
<tr><td colspan="5">任务分工</td></tr>
<tr><td colspan="5"></td></tr>
</table>

5. 知识获取

折页认识

根据要求，自主学习“折页认识”微课，查询并整理相关概念信息。

关键知识清单：折页分类、折页尺寸、折页材料选用、折页方法。

（1）学习目标

目标 1：正确查询或搜集关键知识清单中的概念性知识内容。

目标 2：描述关键知识清单中的概念性知识含义。

（2）学习活动

学习活动 1：查一查

以小组为单位，通过网络查询和相关专业书籍查阅，初步理解以上概念性知识。请将查询到的概念填写在下面（若页数不够，请自行添加空白页）。

学习记录

学习活动 2：说一说

以小组为单位，在组长的带领下，请每位同学用自己的语言说一说对以上概念的理解，并以图表形式写下来。

学习记录

（二）制定计划

为了完成宣传折页制作与输出任务，需要制定合理的实施方案。

1. 计划

（1）学习目标

根据相关学习资料，能够制定项目实施方案，包括折页设计方案、产品印前检查方案、打样印刷方案、质量检测方案等。

（2）学习活动：做一做

请通过岗位调研或学习引导视频，提出自己的计划实施方案，梳理出主要的工作步骤并写出来，尝试绘制工作流程图。（可使用电子版表格填写，电子版表格模板请从本书素材中下载）

学习记录

2. 决策

（1）学习目标

在组长的带领下，能够筛选并确定小组内最佳任务实施方案。

（2）学习活动：选一选

在组长的带领下，经过小组讨论比较，得出 2 个方案。导师审查每个小组的实施方案并提出整改意见。各小组进一步优化实施方案，确定最终的工作方案，并将最终实施方案填写出来。

学习记录

（三）任务实施

为完成宣传折页制作与输出学习任务，必须进行以下 4 个工作过程学习。

· 工作过程 1 审阅工单，确定任务 ·

1. 学习目标

目标类型	学习目标	学习活动	学习方式
知识目标	读懂项目工程单，正确理解客户需求、材料储备、设计方案	学习活动 1	课堂学习、岗位学习
素质目标	通过与小组成员研讨工单，确立任务工作，提升沟通技巧	学习活动 2	课堂学习、岗位学习

2. 学习活动

模块一任务二工单

折页材料选择

学习活动 1：找一找

通过阅读模块一任务二工单，找一找“宣传折页”工单用到的材料、工具、工艺有哪些，同时，记录查阅过程中的疑问。

学习记录

学习活动 2：想一想

在根据工单进行材料准备的过程中，材料管理部门人员因你未拿材料领取审批单，而拒绝为你提供打样材料，但你的任务又非常急，务必今天拿到。这时你会怎么做？将你的沟通技巧记录下来。

学习记录

3. 课后练习

学习活动：做一做

根据企业安排和所提供的学习素材（请在本书封底链接地址下载），独立完成“审阅工单，确定任务”练习任务。请将岗位练习成果或总结整理汇总，放置在活页教材中，并在下次辅导时提交给导师。如遇到疑问或挑战，要及时通过“工匠讲堂”线上平台咨询导师。

学习记录

· 工作过程 2　数据接收，文件审核 ·

1. 学习目标

目标类型	学习目标	学习活动	学习方式
知识目标	能够掌握折页设计规范、出血、压痕、风琴折等内容	学习活动 1	自主学习
技能目标	能够理解客户文件中的工艺要求，并核对是否与任务工单内容一致	学习活动 2	课堂学习、岗位学习

2. 学习活动

学习活动 1：说一说

折页设计规范

通过扫码学习折页设计规范，向组内其他同学说一说你对折页设计原则、风琴折方法、折页尺寸检查、页面顺序检查等内容的理解，并将过程记录下来。

学习记录

学习活动 2：做一做

对在学习情景中下载的客户文件进行审核，快速检查客户提供的图文资料是否存在有错别字、图片严重偏色、清晰度不够等问题。若无问题，将文件导入印刷前端处理器中。若有问题，将问题记录下来。

学习记录

3. 课后练习

学习活动：做一做

根据企业安排和提供的学习素材（请在本书封底链接地址下载），独立完成“数据接收，文件审核”练习任务。请将岗位练习成果或总结整理汇总，放置在活页教材中，并在下次辅导时提交给导师。如遇到疑问或挑战，要及时通过“工匠讲堂”线上平台咨询导师。

学习记录

·工作过程3　规范文件，生产制作·

1. 学习目标

目标类型	学习目标	学习活动	学习方式
技能目标	在规定的时间内，熟练且正确地完成折页页面组版，并能根据工单审查页面质量	学习活动1	课堂学习
	完成设备的线性化校正操作，以及样张打印工作	学习活动2	岗位学习
素质目标	在岗位学习过程中，养成勤俭节约的工作习惯，具备安全生产意识	学习活动3	岗位学习

2. 学习活动

学习活动1：做一做

根据折页生产作业指导书要求，在规定时间内，完成折页印前检查任务，记录操作时间，评出“最快检查小能手”，并记录在印前检查中出现的问题。

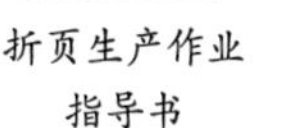
折页生产作业指导书

折页印前检查方法

学习记录

学习活动2：做一做

根据提供的设备和纸张，在完成设备线性化校正的基础上，进行文件的打印。设备校正和打印操作可参考右侧二维码中的企业案例视频。

设备校正

折页打印操作

学习记录

学习活动 3：想一想

俗话说“不当家不知柴米油盐贵”。工作中，有时会发现个别同事下班时从不关闭电灯、空调，在制作折页过程中，从不考虑节约公司印刷资源，认为反正日常费用都是由公司支出，没必要为公司省。你觉得这种做法对吗？我们还应该从哪些方面培养成本意识，进而转化为自觉自愿的节约行动？

学习记录

3. 课后练习

学习活动：做一做

根据企业安排和提供的学习素材（请在本书封底链接地址下载），独立完成“规范文件，生产制作”练习任务。在操作过程中，如有疑问，要进入“工匠讲堂”及时与导师进行沟通完善。

学习记录

·工作过程 4 质量检测，整理整顿·

1. 学习目标

目标类型	学习目标	学习活动	学习方式
知识目标	熟练掌握宣传折页质量检测指标、检测方法	学习活动 1	自主学习
技能目标	在规定的时间内，熟练完成宣传折页的成品质量检测	学习活动 2	岗位学习
	完成对不合格品问题的分析与整理	学习活动 3	岗位学习
素质目标	在岗位学习过程中，养成整理整顿的工作习惯	学习活动 4	自主学习

2. 学习活动

学习活动 1：测一测

学习 GB/T 34503.3—2017《纸质印刷产品印制质量检验规范 第 3 部分：图书期刊》，小组成员之间通过互相提问的方式，对检测指标、检测方法等知识点进行巩固。将知识点中未能掌握的内容记录下来，以便进行查缺补漏，逐步掌握。

折页质量检测标准

质量检测报告模板

学习记录

学习活动 2：做一做

请各组同学将小组合作完成的折页，依照 GB/T 34503.3—2017 标准要求完成成品质量检测，并参考报告模板出具质量检测报告及修改建议。

学习记录

学习活动 3：议一议

各小组完成成品检测后，查看质量检测报告，逐个核对检测指标的规范性、合格性。对于个别未达标的指标进行问题分析，分析影响产品质量的原因，并提出改进计划。

学习记录

学习活动 4：说一说

近期，公司布置了一项工作任务——全面整顿生产线。对生产线上使用的工具、设备和原材料，按照使用频率和重要性进行分类，然后将其归类到不同的货架和柜子中。同时，还需对生产线上的标识、标签和安全警示进行规范化和标准化。这项工作相对繁杂，且需要各部门全员参与。有些员工觉得这件事情太麻烦了，没必要做。对此你怎么看？说一说你的看法，并记录下来。

学习记录

3. 课后练习

学习活动：做一做

根据企业安排和提供的学习素材（请在本书封底链接地址下载），独立完成“质量检测，整理整顿”练习任务。在操作过程中，如有疑问，要进入“工匠讲堂”及时与导师进行沟通完善。

学习记录

（四）检查评价

学习活动 1：评一评

- 活动名称：学习质量评价。
- 活动目标：能够正确使用学习评价表，完成学习质量评价。
- 活动时间：建议时长 10～15 分钟。
- 活动方法：自我评价，小组评价，导师评价。
- 活动内容：根据学习过程数据记录，进行自我评价、小组评价和导师评价。
- 活动工具：学习评价表。
- 活动评价：提交评价结果、导师反馈意见。

学习记录

学习活动 2：评一评

先根据评分表梳理整个学习环节，并进行自我评价，然后将表格交给组长进行组内评价，最后由导师进行评价。

学习检查与评价

班级： 任务名称： 组别：

<table>
<tr><th colspan="3">工作任务</th><th>评价内容</th><th>自评</th><th>组内互评</th><th>导师评价</th></tr>
<tr><td colspan="3" rowspan="5">任务导入（15 分）</td><td>查找与任务有关的资料</td><td></td><td></td><td></td></tr>
<tr><td>主动咨询</td><td></td><td></td><td></td></tr>
<tr><td>认真学习与任务有关的知识技能</td><td></td><td></td><td></td></tr>
<tr><td>团队积极研讨</td><td></td><td></td><td></td></tr>
<tr><td>团队合作</td><td></td><td></td><td></td></tr>
<tr><td colspan="3" rowspan="2">制定计划（15 分）</td><td>1. 完成计划方案（10 分）
计划内容详细
格式标准
思路清晰
团队合作</td><td></td><td></td><td></td></tr>
<tr><td>2. 分析方案可行性（5 分）
方案合理
分工合理
任务清晰
时间安排合理</td><td></td><td></td><td></td></tr>
<tr><td rowspan="8">任务实施（共 70 分）</td><td rowspan="8">技能评价（50 分）</td><td rowspan="3">工作过程 1：审阅工单，确定任务</td><td>能够正确对接工艺员</td><td></td><td></td><td></td></tr>
<tr><td>能够正确分析工单</td><td></td><td></td><td></td></tr>
<tr><td>能够明确任务</td><td></td><td></td><td></td></tr>
<tr><td rowspan="5">工作过程 2：数据接收，文件审核</td><td>能够检查字体、图片、链接图是否缺失</td><td></td><td></td><td></td></tr>
<tr><td>能够检查并修改偏色</td><td></td><td></td><td></td></tr>
<tr><td>能够审查错别字</td><td></td><td></td><td></td></tr>
<tr><td>熟练检查并添加出血位、安全位</td><td></td><td></td><td></td></tr>
<tr><td>熟练检查并修改黑色文字</td><td></td><td></td><td></td></tr>
</table>

续表

工作任务			评价内容	自评	组内互评	导师评价
任务实施（共70分）	技能评价（50分）	工作过程3：规范文件，生产制作	能够顺利完成设备校正			
			能够正确完成文件组版			
			核对输出稿件与客户文件的一致性			
		工作过程4：质量检测，整理整顿	文字与原稿一致并符合印刷要求			
			图片与原稿一致并符合印刷要求			
			折页方法与生产作业指导书要求一致			
			文件的印刷标记齐全			
			能够及时完成整理整顿工作			
	方法与能力评价（10分）		分析解决问题能力 组织能力 沟通能力 统筹能力 团队协作能力			
	思政素质考核（10分）		课堂纪律 学习态度 责任心 安全意识 成本意识 质量意识			

总分：

导师评价：

导师签名：

评价时间：

（五）总结反馈

学习活动：反思与总结

➤ 活动名称：学习反思与总结。

➤ 活动目标：能够在导师和组长的带领下，完成 PPT 报告总结和视频总结。

➤ 活动时间：建议时长 30 分钟。

➤ 活动方法：自我评价，代表分享，导师评价。

➤ 活动内容：首先请小组代表以 PPT 或思维导图总结形式完成课堂分享。然后布置课后作业，要求每位学生在组内以 PPT 报告的形式完成学习经验的分享，并将分享过程录制成视频在下课前交给导师。

➤ 活动工具：PPT 或思维导图。

➤ 活动评价：提交反思与总结结果、导师反馈意见。

学习记录

（六）拓展学习

请依据已学完的整个工作流程，独立完成宣传折页制作与输出任务。拓展学习任务素材可在本书封底链接地址下载。练习过程中如遇到问题，可记录在学习记录中，必要时请咨询导师，解决练习过程中的难题。

学习记录

模块二

书刊类印刷品制作与输出

任务一　宣传画册制作与输出

学习引导

请观看模块二任务一学习引导微课，了解任务一的学习内容、学习目标和学习过程，做好学习准备。

模块二任务一
学习引导

学习过程

学习环节	具体学习内容
任务导入	获取任务相关信息，明确宣传画册制作与输出任务
制定计划	在导师指导下，各小组完成宣传画册制作与输出过程方案，或制定好计划
任务实施	在导师指导下，各小组完成宣传画册制作与输出工作过程，并得到结果
检查评价	通过自评、互评和导师评价等多元化评价方式，完成对宣传画册产品的检测与评价
总结反馈	学生与导师对学习情况进行总结与反馈
拓展学习	完成画册制作与输出相关知识点的自我考核，以及职业技能大赛考核题库的练习

（一）任务导入

1. 学习情景

某校近期将开展新一期的招生计划，因招生宣传需要，安排了制作2023年统招招生简章的工作任务。订单数量为1000份，每份为44个页面，双面彩色印刷，骑马订装订。制作周期为7天，期间包括与客户的方案交流、看样签样等环节。宣传画册制作任务素材可扫码获取。素材电子稿、大版稿和成品稿如图2-1～图2-3所示。

宣传画册制作素材

图2-1 宣传册原稿（电子稿）

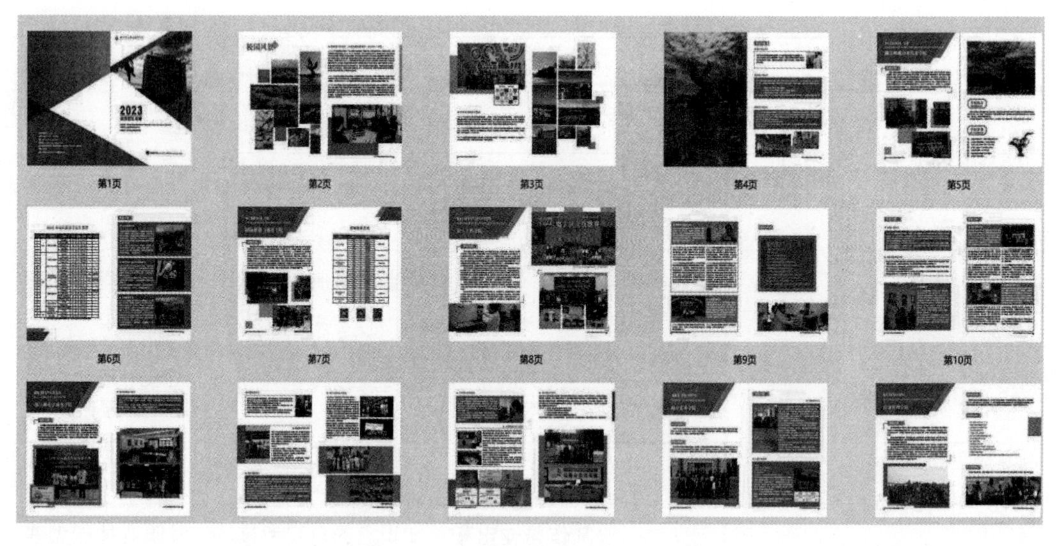

图2-2 宣传册拼大版（大版稿）

图 2-3　打印稿（成品稿）

2. 学习目标

通过对宣传册的制作与输出的学习，要达到以下学习目标。

目标类型	目标内容
知识目标	通过阅读和分析工单，能够正确理解生产工单的内容、构成元素
	通过骑马订拼版实践，能够正确理解装订方式的选定原则
	通过宣传册拼大版实践，能够理解对骑马订拆页的原因
技能目标	能独立接收宣传册产品客户订单，对文件进行初步检测
	能制定宣传册的印前文件检查方案
	能完成骑马订拆页操作
素质目标	从节约成本的角度，对宣传册拼版方案进行优化设计
	在理解产品质量意义的同时，思考标准化意识对产品质量的影响

3. 学习方案

为了完成宣传册制作与输出产品案例，请阅读学习安排表和任务知识体系表，如有疑问，请咨询导师。

学习安排表

学习主题	学习方式	学习时长	学习资源	学习工具
招生宣传画册	课堂学习	2 学时	课堂学习资料	1. 图形处理软件 Illustrator，图像处理软件 Photoshop，拼版软件 Preps，或 Quite Imposing 拼版插件，或印通系统； 2. 数字印刷机
	实训学习	2 学时	任务素材（宣传册电子稿、拼版稿、印前检查完善稿）	
	网络学习	1 周内	自主学习资料、企业案例、微课视频	

任务知识体系表

学习主题	知识类型	知识点	资源	学习进度
工作过程1：审阅工单，确定任务	核心概念	出样类别、工艺流程、工作任务	微课：任务工单	
	工作原则	保密原则		
	工作方法和内容	审阅设计部门下发的活件流转单		
	工具	FTP、邮件、网盘等		
工作过程2：数据接收，文件审核	核心概念	文件类型		
	工作原则	保证文件素材的完整性		
	工作方法和内容	检查文字的正误、链接图的完整性、图片的偏色性		
	工具	Illustrator、Photoshop		
工作过程3：规范文件，生产制作	核心概念	骑马订拼版、正反套准	企业案例：骑马订拼版	
	工作原则	印刷生产规范性要求、成品质量国家标准要求	微课：数字印刷材料	
	工作方法和内容	在Acrobat中设置印前检查方案，进行文件检查和文件制作	微课：双面打印	
	工具	Illustrator、Photoshop、Acrobat		
工作过程4：质量检测，整理整顿	核心概念	画册质量分级、画册检测方法	微课：画册质量检测	
	工作原则	安全意识、质量意识、6S管理		
	工作方法和内容	按照CY/T 29—2021《骑马订装书刊要求》行业标准进行质量检测，分小组完成检测报告		
	工具	直尺、纸张耐折度测定仪、游标卡尺等		

4. 学生分组

课前，请根据异质分组原则完成分组，在规定时间内完成组长的选定。学习任务分组模板见下表。同时撰写出各成员的个性特点及专业特长。此分组情况根据后续学习情况会及时更新。

学习任务分组

<table>
<tr><td rowspan="7">班级：</td><td rowspan="7">组别：</td><td>成员姓名</td><td>个性特点</td><td>专业特长</td></tr>
<tr><td></td><td></td><td></td></tr>
<tr><td></td><td></td><td></td></tr>
<tr><td></td><td></td><td></td></tr>
<tr><td></td><td></td><td></td></tr>
<tr><td></td><td></td><td></td></tr>
<tr><td colspan="3">组长：</td></tr>
<tr><td colspan="5">任务分工</td></tr>
<tr><td colspan="5"></td></tr>
</table>

5. 知识获取

根据学习要求，请先自主学习、查询并整理相关概念信息。

关键知识清单：画册应用领域、骑马订、配帖、拆页、印前检查、书页与书帖。

（1）学习目标

目标 1：正确查询或搜集关键知识清单中的概念性知识内容。

目标 2：描述关键知识清单中的概念性知识含义。

（2）学习活动：查一查

以小组为单位，通过网络查询和相关专业书籍查阅，初步理解以上概念性知识。请将查询到的概念填写在下面（若页数不够，请自行添加空白页）。

学习记录

（二）制定计划

为了完成宣传画册产品处理与制作任务，需要制定合理的实施方案。

1. 计划

（1）学习目标

根据相关学习资料，能够制定项目实施方案，包括产品印前检查方案、打样印刷方案、国家标准检测方案等。

（2）学习活动：做一做

请通过岗位调研或学习引导视频，提出自己的计划实施方案，梳理出主要的工作步骤并填写出来，尝试绘制工作流程图。

学习记录

2. 决策

（1）学习目标

在组长的带领下，能够筛选并确定小组内最佳任务实施方案。

（2）学习活动：选一选

在组长的带领下，经过小组讨论比较，得出 2 个方案。导师审查每个小组的实施方案并提出整改意见。各小组进一步优化实施方案，确定最终的工作方案。将最终实施方案填写出来。

学习记录

（三）任务实施

为完成宣传画册制作与输出学习任务，必须进行以下 4 个工作过程学习。

· 工作过程 1　审阅工单，确定任务 ·

1. 学习目标

目标类型	学习目标	学习活动	学习方式
知识目标	读懂项目工程单，正确识别纸盒的材料、色粉材料，选择合适的数码印刷机	学习活动 1	课堂学习、岗位学习
素质目标	通过与小组成员研讨工单，确立任务工作，提升沟通技巧	学习活动 2	课堂学习、岗位学习

2. 学习活动

学习活动 1：找一找

通过阅读任务工单，学习“数字印刷材料”微课，想一想宣传画册制作要用到的材料、工具，需关注的尺寸、颜色、材料、工艺等内容，挖掘隐含信息，同时记录查阅过程中的疑问。

模块二任务一工单

数字印刷材料

学习记录

学习活动 2：想一想

在生产过程中经常碰到这样的情况：你负责的工单需要与工艺人员沟通，但是工艺员说他很忙，而这个单又比较着急。这时你该如何沟通？有何沟通技巧可以使用？请将你的沟通技巧记录下来。

学习记录

3. 课后练习

学习活动：做一做

根据导师提供的学习素材（请在本书封底链接地址下载），独立完成“审阅工单，确定任务”练习。请将岗位练习成果或总结整理汇总，放置在活页教材中，并在下次辅导时提交给导师。如遇到疑问或挑战，要及时通过“工匠讲堂”线上平台咨询导师。

学习记录

· 工作过程 2　数据接收，文件审核 ·

1. 学习目标

目标类型	学习目标	学习活动	学习方式
知识目标	能够掌握连拼和折手拼版的概念、常见的检查项目	学习活动 1	自主学习
技能目标	能够理解客户文件中的工艺要求，并核对是否与项目工单内容一致	学习活动 2	课堂学习、岗位学习

2. 学习活动

连拼和折手拼

学习活动 1：说一说

请说出连拼和折手拼的概念，以及两者的异同点，并列举常见的印前检查项目，为后续任务顺利完成做准备。

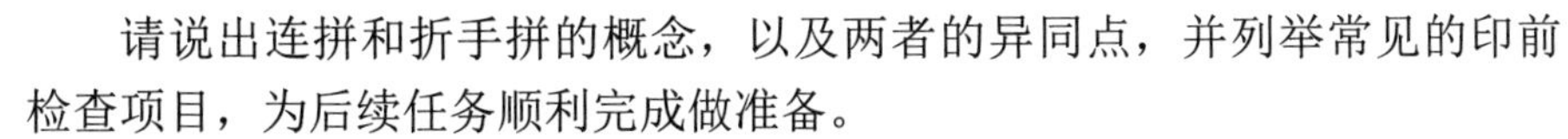

学习记录

印前检查方法

学习活动 2：做一做

扫描二维码，学习印前检查方法。对工作过程 1 中下载的客户文件进行审核，自行检查文件是否有缺字体、缺链接图、图片清晰度不够等问题。若无问题，导入印刷前端处理平台中。若有问题，将问题记录下来。

学习记录

3. 课后练习

学习活动：做一做

根据本书提供的课后学习素材（请在本书封底链接地址下载），独立完成“数据接收，文件审核”练习任务。请将岗位练习成果或总结整理汇总，放置在活页教材中，并在下次辅导时提交给导师。如遇到疑问或挑战，要及时通过“工匠讲堂”线上平台咨询导师。

学习记录

· 工作过程 3 规范文件，生产制作 ·

1. 学习目标

目标类型	学习目标	学习活动	学习方式
技能目标	在规定的时间内，熟练且正确完成画册拼大版操作，并能审核和评价拼版质量	学习活动 1、2	课堂学习、岗位学习
	在规定的时间内完成样张打印和校对操作	学习活动 3	岗位学习
素质目标	在岗位学习过程中，养成规范化、标准化的工作习惯	学习活动 4	岗位学习

2. 学习活动

生产作业指导书

骑订拼版

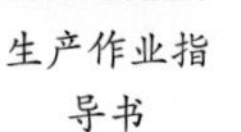

学习活动 1：做一做

根据画册生产作业指导书要求，扫描“骑订拼版”二维码，在规定时间内，完成宣传册拼大版操作，并记录出现的问题，以及操作时间，最终评出“最快拼版能手”。

学习记录

学习活动 2：评一评

➢ 活动名称：拼版质量评价与分析。

➢ 活动目标：能够正确分析、评价拼版质量问题。

➢ 活动时间：建议时长 15～20 分钟。

画册拼版标准

➢ 活动内容：根据画册拼版标准，对活动 1 中做完的拼大版文件进行小组互评。各小组需记录评价过程中的问题。统计分析出现频率较高的问题，并进行原因分析和改正。

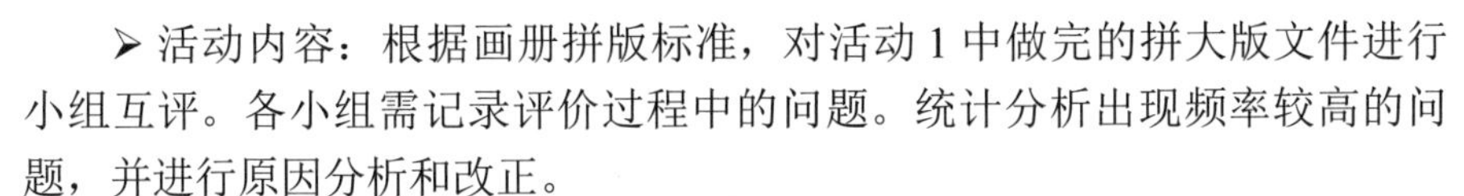

➢ 活动工具：投票统计工具。

学习记录

学习活动 3：做一做

正反套准

根据提供的设备和纸张，扫描“正反套准”企业案例微课，完成画册大版文件的正反套准校正及打印输出，并记录正反套准过程中的参数调整方法。

学习记录

学习活动 4：想一想

在反复强调信息安全的前提下，公司要求将保存客户资料的电脑密码修改为“字符＋数字＋特殊字符”，对此你觉得没有必要，因为并没有什么重要的东西。于是，你负责的客户文件莫名地被人有意无意地修改过，但你没有发觉，并交给了生产部门，最终导致公司损失严重。对此，请谈谈你有何感想。

学习记录

3. 课后练习

学习活动：做一做

根据企业安排和提供的学习素材（请在本书封底链接地址下载），参考“双面打印”案例视频，独立完成“规范文件，生产制作”练习任务。在操作过程中，如有疑问，要进入“工匠讲堂”及时与导师进行沟通完善。

双面打印

学习记录

· 工作过程 4　质量检测，整理整顿 ·

1. 学习目标

目标类型	学习目标	学习活动	学习方式
知识目标	熟练掌握精品画册质量检测指标、检测方法	学习活动 1	自主学习、课堂学习
技能目标	在规定的时间内，熟练完成精装画册的成品质量检测，并分析不合格品中的常见问题	学习活动 2	岗位学习
素质目标	具备标准意识，将标准作为质量杠杆	学习活动 3	岗位学习

2. 学习活动

学习活动 1：测一测

学习 CY/T 29—2021《骑马订装书刊要求》和画册质量检测，小组成员之间通过互相提问的方式，对检测指标、检测方法等知识点进行巩固，并将知识点中未能掌握的内容记录下来，以便查缺补漏，逐步掌握。

《骑马订装书刊要求》

画册质量检测

学习记录

学习活动 2：做一做

扫码学习质量检测微课。将小组合作完成的画册，依照检测标准规范要求完成检测，并给出质量检测报告。质量检测报告模板可扫码获取，然后对不合格品进行问题分析。

骑马订书刊的质量检测

骑马订装订质量检测报告模板

学习记录

学习活动 3：说一说

某印刷公司在生产过程中因使用的某些化学物质不符合国家标准，导致生产过程中出现了爆炸安全事故。经调查，公司使用了过期的或未经检测的化学原料。请说一说你对此次事件的理解。

学习记录

3. 课后练习

学习活动：做一做

根据企业安排和提供的学习素材（请在本书封底链接地址下载），独立完成“质量检测，整理整顿”练习任务。在操作过程中，如有疑问，要进入“工匠讲堂”及时与导师进行沟通完善。

学习记录

（四）检查评价

学习活动 1：评一评

- 活动名称：学习质量评价。
- 活动目标：能够正确使用学习评价表，完成学习质量评价。
- 活动时间：建议时长 10～15 分钟。
- 活动方法：自我评价，小组评价，导师评价。
- 活动内容：根据学习过程数据记录，进行自我评价、小组评价和导师评价。
- 活动工具：学习评价表。
- 活动评价：提交评价结果、导师反馈意见。

学习记录

学习活动 2：评一评

先根据评价表梳理整个操作环节，并进行自我评价，然后交给组长进行组内互评价，最后由导师进行评价。

学习检查与评价

班级：　　　　　　　　　　任务名称：　　　　　　　　　　组别：

<table>
<tr><th colspan="3">工作任务</th><th>评价内容</th><th>自评</th><th>组内互评</th><th>导师评价</th></tr>
<tr><td colspan="3" rowspan="5">任务导入（15 分）</td><td>查找与任务有关的资料</td><td></td><td></td><td></td></tr>
<tr><td>主动咨询</td><td></td><td></td><td></td></tr>
<tr><td>认真学习与任务有关的知识技能</td><td></td><td></td><td></td></tr>
<tr><td>团队积极研讨</td><td></td><td></td><td></td></tr>
<tr><td>团队合作</td><td></td><td></td><td></td></tr>
<tr><td colspan="3" rowspan="2">制定计划（15 分）</td><td>1. 完成计划方案（10 分）
计划内容详细
格式标准
思路清晰
团队合作</td><td></td><td></td><td></td></tr>
<tr><td>2. 分析方案可行性（5 分）
方案合理
分工合理
任务清晰
时间安排合理</td><td></td><td></td><td></td></tr>
<tr><td rowspan="8">任务实施（共 70 分）</td><td rowspan="8">技能评价（50 分）</td><td rowspan="3">工作过程 1：审阅工单，确定任务</td><td>能够正确对接工艺员</td><td></td><td></td><td></td></tr>
<tr><td>能够正确分析工单</td><td></td><td></td><td></td></tr>
<tr><td>能够明确任务</td><td></td><td></td><td></td></tr>
<tr><td rowspan="5">工作过程 2：数据接收，文件审核</td><td>能够检查字体、图片、链接图是否缺失</td><td></td><td></td><td></td></tr>
<tr><td>能够检查并修改偏色</td><td></td><td></td><td></td></tr>
<tr><td>能够修改图像分辨率</td><td></td><td></td><td></td></tr>
<tr><td>熟练检查并添加出血位、安全位</td><td></td><td></td><td></td></tr>
<tr><td>熟练检查并修改黑色文字</td><td></td><td></td><td></td></tr>
</table>

续表

<table>
<tr><th colspan="3">工作任务</th><th>评价内容</th><th>自评</th><th>组内互评</th><th>导师评价</th></tr>
<tr><td rowspan="11">任务实施（共70分）</td><td rowspan="7">技能评价（50分）</td><td rowspan="3">工作过程3：规范文件，生产制作</td><td>能够完成正反套准操作</td><td></td><td></td><td></td></tr>
<tr><td>能够制作拼版文件</td><td></td><td></td><td></td></tr>
<tr><td>核对输出稿件与客户文件的一致性</td><td></td><td></td><td></td></tr>
<tr><td rowspan="5">工作过程4：质量检测，整理整顿</td><td>文字与原稿一致并符合印刷要求</td><td></td><td></td><td></td></tr>
<tr><td>图片与原稿一致并符合印刷要求</td><td></td><td></td><td></td></tr>
<tr><td>拼版与生产作业指导书要求一致</td><td></td><td></td><td></td></tr>
<tr><td>拼版文件的印刷标记齐全</td><td></td><td></td><td></td></tr>
<tr><td>能够及时完成整理整顿工作</td><td></td><td></td><td></td></tr>
<tr><td colspan="2">方法与能力评价（10分）</td><td>分析解决问题能力
组织能力
沟通能力
统筹能力
团队协作能力</td><td></td><td></td><td></td></tr>
<tr><td colspan="2">思政素质考核（10分）</td><td>课堂纪律
学习态度
责任心
安全意识
成本意识
质量意识</td><td></td><td></td><td></td></tr>
<tr><td colspan="7">总分：</td></tr>
<tr><td colspan="7">导师评价：

导师签名：
评价时间：</td></tr>
</table>

（五）总结反馈

学习活动：反思与总结

➢ 活动名称：学习反思与总结。

➢ 活动目标：能够在导师和组长的带领下，完成 PPT 报告总结和视频总结。

➢ 活动时间：建议时长 30 分钟。

➢ 活动方法：自我评价，代表分享，导师评价。

➢ 活动内容：首先请小组代表以 PPT 或思维导图总结形式完成课堂分享。然后针对课后作业，要求每位学生在组内以 PPT 报告的形式完成学习经验的分享，并将分享过程录制成视频，在下课前交给导师。

➢ 活动工具：PPT 或思维导图。

➢ 活动评价：提交反思与总结结果、导师反馈意见。

学习记录

（六）拓展学习

本任务为全国印刷行业职业技能大赛数字印刷员赛项考核内容，同时也涉及世界技能大赛印刷媒体技术项目考核内容，请扫描考核题库二维码，完成与本任务有关的测试，如实记录得分情况，并认真分析错题。

考核题库

学习记录

得分情况： 班级名次： 错题分析：

任务二　精装书制作与输出

学习引导

请观看模块二任务二学习引导微课，了解任务二的学习内容、学习目标和学习过程，做好学习准备。通过扫描“精装书成品展示”二维码，做好实践准备。

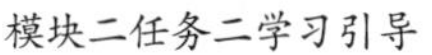
模块二任务二学习引导　　精装书成品展示

学习过程

学习环节	具体学习内容
任务导入	获取任务相关信息，明确精装书制作与输出任务
制定计划	在导师指导下，各小组完成精装书制作和输出过程方案，或制定好计划
任务实施	在导师指导下，各小组完成精装书制作与输出工作过程，并得到结果
检查评价	依据 GB/T 30325—2013《精装书籍要求》，通过自评、互评和导师评价等多元化评价方式，完成精装书成品质量检测与评价
总结反馈	学生与导师对学习情况进行总结与反馈
拓展学习	完成精装书制作与输出相关知识和技能的自我考核，以及职业技能等级认定题库的练习

（一）任务导入

1. 学习情景

某校学生将于近期进行毕业答辩，为了更好地展示作品效果，方便大赛评委评审，组委会要求将作品制作成纸质成品。×× 公司承接了该产品的设计与输出工作任务。订单数量为 6 份，每份为 9 个页面，封面、内页要求不同，具体参阅任务工单。制作周期为 7 天，期间包括与客户的方案交流、看样签样等环节。精装书制作任务素材可扫码获取。电子稿和纸质样如图 2-4、图 2-5 所示。

精装书制作任务素材

图 2-4 精装书电子稿（部分）

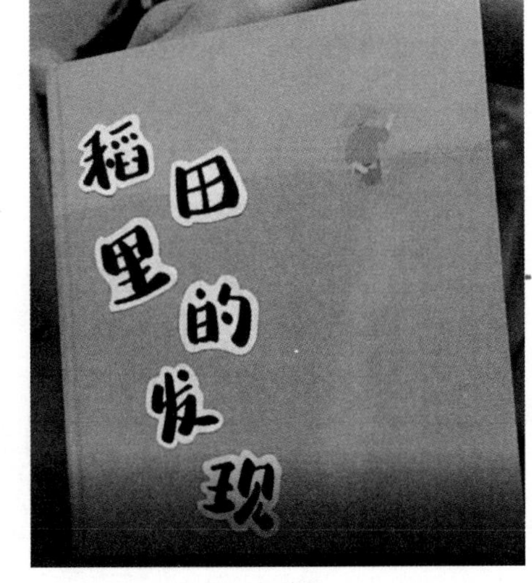

图 2-5 精装书成品（纸质稿）

2. 学习目标

通过对精装书的制作与输出的学习，要掌握以下学习目标。

目标类型	目标内容
知识目标	通过阅读和分析工单，能够正确理解生产工单的内容、构成元素
	通过对精装书组成元素的分析，能够正确理解精装书的构成
	通过对精装书尺寸的计算，能够理解精装书制作国家标准
技能目标	能独立接受精装书产品客户订单，对文件进行初步检测
	能制定针对工单要求的成品规格，推算精装书尺寸
	能完成精装书书芯、书壳、套合加工操作
	能根据国家标准对精装书成品进行质量检测
	能独立完成精装书检测报告的出具
素质目标	精装书制作工艺复杂，涉及的生产部门较多，要注重培养组织协调能力
	通过对精装书的质量检测，正确理解质量对产品的重要意义
	通过对精装书产品的打磨体验，体会大国工匠精益求精精神的内涵

3. 学习方案

为了完成精装书制作与输出产品案例，请同学们阅读学习安排表和任务知识体系表。如有疑问，请咨询导师。

学习安排表

学习主题	学习方式	学习时长	学习资源	学习工具
毕业/实训绘本制作	课堂学习	2 学时	课堂学习资料	1. 图形处理软件 Illustrator，图像处理软件 Photoshop，拼版软件 Preps，或 Quite Imposing 拼版插件，或其他拼版软件； 2. 数字印刷机
	实训学习	2 学时	任务素材（精装书封面、内页电子稿，印前完善稿）	
	网络学习	1 周内	自主学习资料、企业案例、微课	

任务知识体系表

学习主题	知识类型	知识点	资源	学习进度
工作过程 1：审阅工单，确定任务	核心概念	精装书书芯、书壳、成型工艺	阅读材料：任务工单	
	工作原则	保密原则		
	工作方法和内容	审阅设计部门下发的活件流转单		
	工具	FTP、邮件、网盘等		
工作过程 2：数据接收，文件审核	核心概念	客户文件类型	微课：常见文件格式	
	工作原则	保密意识、团队合作原则		
	工作方法和内容	检查字体正确与否，链接图完整与否，以及图片的偏色程度		
	工具	Illustrator、Photoshop、Indesign		
工作过程 3：规范文件，生产制作	核心概念	精装、扒圆、起脊、环衬、飘口、书壳、中径、中径条、中缝、包边、中腰、死套、活套	微课：精装书结构元素识读	
	工作原则	国家标准、精益求精、工匠精神		
	工作方法和内容	1. 在 Acrobat 中设置印前检查方案，进行文件检查和文件制作	微课：精装书印前检查方法	
		2. 尺寸计算：参考 GB/T 30325—2013 计算封面纸板长度、宽度，封面长度、宽度，中径条长度、宽度	微课：精装书尺寸计算	
		3. 精装书加工成型	微课：开料、裱壳、封面对裱、封面包边包角、封面或内页覆膜、书芯对裱、书脊成型 微课：精装书过程质量检测	
	工具	Illustrator、Photoshop、Acrobat		

续表

学习主题	知识类型	知识点	资源	学习进度
工作过程 4：质量检测，整理整顿	核心概念	书刊质量分级、精装书书芯检测、精装书成品质量检测方法	阅读材料：精装书质量检测标准	
	工作原则	法律意识、质量意识、6S 管理		
	工作方法和内容	1. 按照 GB/T 30325—2013《精装书籍要求》，对精装书书芯质量、成品质量进行检测	微课：精装书成品质量检测	
		2. 分小组出具精装书检测报告，参考检测报告参数模板	阅读材料：精装书检测报告模板	
		3. 整理整顿。包括工具归位、纸屑清扫、设备维护	企业案例：设备维护与保养	
	工具	钢板尺、游标卡尺、三角板、半圆仪、放大镜等		

4. 学生分组

课前，请同学们根据异质分组原则完成分组，在规定时间内完成组长的选定。学习任务分组模板见下表。同时撰写出各成员的个性特点及专业特长。此分组情况根据后续学习情况会及时更新。

学习任务分组

<table>
<tr><td rowspan="7">班级：</td><td rowspan="7">组别：</td><td>成员姓名</td><td>个性特点</td><td>专业特长</td></tr>
<tr><td></td><td></td><td></td></tr>
<tr><td></td><td></td><td></td></tr>
<tr><td></td><td></td><td></td></tr>
<tr><td></td><td></td><td></td></tr>
<tr><td></td><td></td><td></td></tr>
<tr><td colspan="3">组长：</td></tr>
<tr><td colspan="5">任务分工</td></tr>
<tr><td colspan="5"></td></tr>
</table>

5. 知识获取

精装书分类

根据学习要求，请先自主学习、查询并整理相关概念信息。

关键知识清单：精装书分类、方背和圆背、死套和活套、精装书基本元素。

（1）学习目标

目标 1：正确查询或搜集关键知识清单中的概念性知识内容。

目标 2：描述关键知识清单中的概念性知识。

（2）学习活动：查一查

以小组为单位，通过网络查询和相关专业书籍查阅，初步理解以上概念性知识，并能阐述。请将查询到的概念填写在下面（若页数不够，请自行添加空白页）。

学习记录

（二）制定计划

为了完成精装书制作与处理任务，需要制定合理的实施方案。

1. 计划

（1）学习目标

根据相关学习资料，能够制定项目实施方案，包括产品尺寸计算方案、材料准备方案、印前检查方案、打样印刷方案、产品加工方案、成品检测方案等。

（2）学习活动：做一做

请通过岗位调研或视频学习，提出自己的实施计划方案，梳理出主要的工作步骤并填写出来，尝试绘制工作流程图。

学习记录

2. 决策

（1）学习目标

在组长的带领下，能够筛选并确定小组内最佳任务实施方案。

（2）学习活动：选一选

在组长的带领下，经过小组讨论比较，得出 2 个方案。导师审查每个小组的实施方案并提出整改意见。各小组进一步优化实施方案，确定最终的工作方案。将最终实施方案填写下来。

学习记录

（三）任务实施

为完成精装书制作与输出学习任务，必须进行以下 4 个工作过程学习。

·工作过程 1　审阅工单，确定任务·

1. 学习目标

目标类型	学习目标	学习活动	学习方式
知识目标	1. 熟练掌握工程单中的产品制作要求； 2. 正确计算封面设计尺寸、书壳纸板尺寸； 3. 正确理解成品尺寸与制作尺寸的差别； 4. 熟知常用纸板、纸张类型	学习活动 1	自主学习、岗位学习
素质目标	通过与小组成员研讨工单，确立任务分工，提升沟通技巧	学习活动 2	课堂学习、岗位学习

2. 学习活动

学习活动 1：找一找

通过阅读模块二任务二工单和精装书结构元素识读，查一查精装书制作订单用到的材料、工具，常见印前、印刷和印后工艺，将查询结果记录下来，同时，记录查阅过程中的疑问。

模块二任务二工单

精装书结构元素识读

学习记录

学习活动 2：想一想

工作中常出现这样的问题，由于某车间的班组长、主管对生产工艺要求不深入阅读分析，总是似懂非懂，对生产进度总是口头说说，缺乏明确的具体计划，做多少算多少，“尽量抓紧”“差不多”“不可能”“我也没有办法”常常挂在嘴边，导致员工投诉增长。你作为厂长，应该如何处理这样的事情？请将做法记录下来。

学习记录

3. 课后练习

学习活动：做一做

根据企业安排和提供的学习素材（请在本书封底链接地址下载），独立完成“审阅工单，确定任务”练习任务。请将岗位练习成果或总结整理汇总，放置在活页教材中，并在下次辅导时提交给导师。如遇到疑问或挑战，要及时通过“工匠讲堂”线上平台咨询导师。

学习记录

· 工作过程 2　数据接收，文件审核 ·

1. 学习目标

目标类型	学习目标	学习活动	学习方式
知识目标	1. 精准理解“设置页面框”的参数设置含义； 2. 掌握印刷中常用的文件格式及其用途	学习活动 1	自主学习、课堂学习
技能目标	1. 能修改检查出的问题； 2. 能对修改后的各版本文件进行保存	学习活动 2	课堂学习、岗位学习
素质目标	具备耐心、细心的工作态度	学习活动 3	岗位学习、自主学习

2. 学习活动

学习活动 1：说一说

扫码学习“设置页面框”和“常见文件格式”微课，说一说对印前检查、页面框、色彩空间、标准文件格式等内容的理解，并将过程记录下来。

设置页面框

常见文件格式

学习记录

学习活动 2：做一做

对在学习情景中下载的客户文件进行审核，自行检查文件是否有缺字体、缺链接图、图片清晰度不够等问题。若无问题，请将文件导入印刷前端处理平台（Prinect DFE 印通流程）中。若有问题，在与客户沟通的前提下对错误文件进行专业修正，并完整保存过程文档。

学习记录

学习活动 3：谈一谈

由于你的疏忽，将精装书内页的页面顺序放错了，在打样后，被后期审核人员发现，他将此次事件告诉了主管。你能接受这样的处理方式吗？为什么？在后期工作过程中，你会怎么做？请谈谈你的看法。

学习记录

3. 课后练习

学习活动：做一做

精装书印前检查方法

扫码学习“精装书印前检查方法”。根据企业安排和提供的学习素材（请在本书封底链接地址下载），独立完成“数据接收，文件审核”练习任务。请将岗位练习成果或总结整理汇总，放入活页教材中，并在下次辅导时提交给导师。如遇到疑问或挑战，要及时通过“工匠讲堂”线上平台咨询导师。

学习记录

· 工作过程 3　规范文件，生产制作 ·

1. 学习目标

目标类型	学习目标	学习活动	学习方式
技能目标	熟练且正确地完成客户文件尺寸修改	学习活动 1、2	课堂学习、自主学习
	能熟练完成纸张、纸板的开料任务，封面和内页的打印输出任务	学习活动 3	课堂学习、自主学习
	小组协作完成封面覆膜，书壳、书芯套合加工，确保产品成型	学习活动 4	自主学习、岗位学习
素质目标	在产品制作打磨过程中，培养精益求精的匠人精神	学习活动 5、6	岗位学习

2. 学习活动

学习活动 1：做一做

精装书生产作业指导书

精装书尺寸计算

根据精装书生产作业指导书要求，在规定时间内，参照国标中对精装书各部分尺寸计算的规定，精准设计操作，并记录操作时间，评出“最快思维能手”。

学习记录

学习活动 2：评一评

➢ 活动名称：终稿打印文件的检查评价与分析。

➢ 活动目标：能够正确分析文件中出现的问题。

➢ 活动时间：建议时长 15～20 分钟。

➢ 活动内容：根据精装书文件评价标准，在规定时间内，小组之间交叉进行学习活动 1 文件的检查。检查过程需记录评价过程中的问题。统计分析问题出现频率较高的项目，并进行原因分析和改正。

精装书文件评价标准

➢ 活动工具：数字平台统计投票工具。

学习记录

学习活动 3：做一做

根据《精装书生产作业指导书》要求，在规定时间内，正确选择纸板、纸张，先开料，后使用提供的数码印刷设备，完成精装书封面、内页文件的打印输出。开料过程可参考企业案例视频“开料”。

开料

学习记录

学习活动 4：做一做

扫描二维码，分别完成裱壳、封面对裱、封面包边切角、封面或内页覆膜、书芯对裱、书脊成型、成品处理，确保产品成型。请在下表填写分工及任务信息，以便在后期质量检测过程中，针对各工序人员操作质量进行对应评分。分工信息可用表格或者思维导图绘制。另外，请记录操作过程中出现的问题。

裱壳

封面对裱

封面包边切角

封面或内页覆膜

书芯对裱

书脊成型

成品处理

学习记录

学习活动 5：评一评

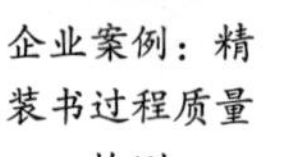

企业案例：精装书过程质量检测

精装书过程质检报告

➢ 活动名称：精装书制作过程质量检查评价与分析。

➢ 活动目标：能够正确分析制作过程中出现的问题。

➢ 活动时间：建议时长 20～30 分钟。

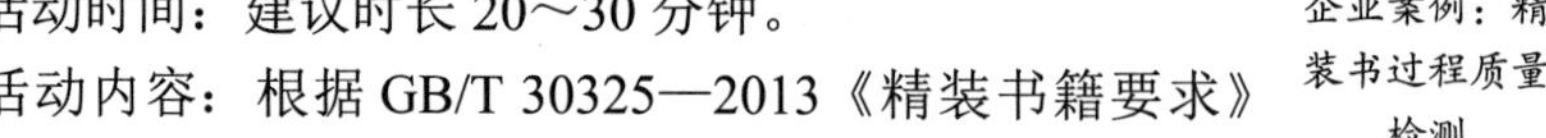

➢ 活动内容：根据 GB/T 30325—2013《精装书籍要求》规定，在规定时间内，小组之间交换检查学习活动 4 过程中的质量问题，期间需记录评价过程中的问题。投票统计问题出现频率较高的项目，并进行原因分析和改正。最后，各组出具所检查产品的检测报告。

➢ 活动工具：投票统计工具。

学习记录

学习活动 6：想一想

先了解第三届十大印刷工匠苏小燕的故事——从技校毕业，靠自己不懈的努力、异于常人的付出，不怕困难，勇毅前行，成功研制出打印机核心部件，使我国成为继美、德之后掌握该项技术的国家。然后想一想，大国工匠应具备什么样的个人品格、职业精神，请总结并作记录。

学习记录

3. 课后练习

学习活动：做一做

请根据企业安排和提供的学习材料（请在本书封底链接地址下载），独立完成“规范文件，生产制作”学习任务。在操作过程中，如有疑问，要进入“工匠讲堂”及时与导师进行沟通完善。

学习记录

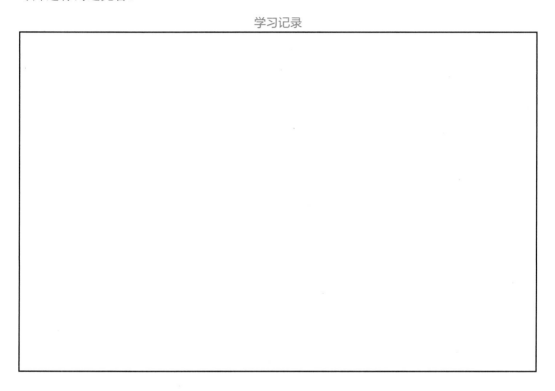

· 工作过程 4　质量检测，整理整顿 ·

1. 学习目标

目标类型	学习目标	学习活动	学习方式
知识目标	熟悉 GB/T 30325—2013《精装书要求》国家标准，掌握检测方法、书刊检测分级策略	学习活动 1	自主学习、课堂学习
技能目标	在规定的时间内，熟练完成精装书的成品质量检测，并分析不合格品常见问题及解决方案	学习活动 2	自主学习、岗位学习

2. 学习活动

学习活动 1：测一测

通过扫描“精装书质量检测标准”二维码，小组成员之间通过互相提问的方式，对检测指标、检测方法等知识点进行巩固，将知识点中未能掌握的内容记录下来，以便进行查缺补漏，逐步掌握。

精装书质量检测标准

学习记录

学习活动 2：做一做

请各组同学将小组合作完成的精装书，依照检测标准规范要求和精装书成品质量检测微课，完成成品质量检测，并给出质量检测报告。同时，针对检测出的问题，进行分析，并提出解决方案。

精装书成品质量检测

精装书成品质量检测报告模板

学习记录

3. 课后练习

学习活动：做一做

根据企业安排和提供的学习素材（请在本书封底链接地址下载），独立熟练完成“质量检测，整理整顿”练习任务，并扫码学习“设备维护与保养”，对设备进行保养和维护。在操作过程中，如有疑问，要进入“工匠讲堂”及时与导师进行沟通完善。

设备维护与保养

学习记录

（四）检查评价

学习活动 1：评一评

- 活动名称：学习质量评价。
- 活动目标：能够正确使用学习评价表，完成学习质量评价。
- 活动时间：建议时长 10～15 分钟。
- 活动方法：自我评价、小组评价、导师评价。
- 活动内容：根据学习过程数据记录，进行自我评价、小组评价和导师评价。
- 活动工具：学习评价表。
- 活动评价：提交评价结果、导师反馈意见。

学习记录

学习活动 2：评一评

先根据评价表梳理整个操作环节，并进行自我评价，然后将表交给组长进行组内评价，最后由导师进行评价。

学习检查与评价

班级： 任务名称： 组别：

<table>
<tr><th colspan="3">工作任务</th><th>评价内容</th><th>自评</th><th>组内互评</th><th>导师评价</th></tr>
<tr><td colspan="3" rowspan="5">任务导入（15 分）</td><td>查找与任务有关的资料</td><td></td><td></td><td></td></tr>
<tr><td>主动咨询</td><td></td><td></td><td></td></tr>
<tr><td>认真学习与任务有关的知识技能</td><td></td><td></td><td></td></tr>
<tr><td>团队积极研讨</td><td></td><td></td><td></td></tr>
<tr><td>团队合作</td><td></td><td></td><td></td></tr>
<tr><td colspan="3" rowspan="2">制定计划（15 分）</td><td>1. 完成计划方案（10 分）
计划内容详细
格式标准
思路清晰
团队合作</td><td></td><td></td><td></td></tr>
<tr><td>2. 分析方案可行性（5 分）
方案合理
分工合理
任务清晰
时间安排合理</td><td></td><td></td><td></td></tr>
<tr><td rowspan="14">任务实施（70 分）</td><td rowspan="14">技能评价（50 分）</td><td rowspan="3">工作过程 1：审阅工单，确定任务</td><td>能够正确对接客户</td><td></td><td></td><td></td></tr>
<tr><td>能够正确分析工单</td><td></td><td></td><td></td></tr>
<tr><td>能够明确任务</td><td></td><td></td><td></td></tr>
<tr><td rowspan="5">工作过程 2：数据接收，文件审核</td><td>能够检查字体、图片、链接图是否缺失</td><td></td><td></td><td></td></tr>
<tr><td>能够检查并修改偏色</td><td></td><td></td><td></td></tr>
<tr><td>能够修改图像分辨率</td><td></td><td></td><td></td></tr>
<tr><td>熟练检查并添加出血位、安全位</td><td></td><td></td><td></td></tr>
<tr><td>熟练检查并修改黑色文字</td><td></td><td></td><td></td></tr>
<tr><td rowspan="6">工作过程 3：规范文件，生产制作</td><td>能够规范产品尺寸</td><td></td><td></td><td></td></tr>
<tr><td>能够完成开料、产品输出</td><td></td><td></td><td></td></tr>
<tr><td>书芯加工</td><td></td><td></td><td></td></tr>
<tr><td>书壳加工</td><td></td><td></td><td></td></tr>
<tr><td>套合加工</td><td></td><td></td><td></td></tr>
<tr><td>过程控制</td><td></td><td></td><td></td></tr>
</table>

续表

<table>
<tr><th colspan="3">工作任务</th><th>评价内容</th><th>自评</th><th>组内互评</th><th>导师评价</th></tr>
<tr><td rowspan="7">任务实施（70分）</td><td rowspan="5">技能评价（50分）</td><td rowspan="5">工作过程4：质量检测，整理整顿</td><td>文字与原稿一致并符合印刷的要求</td><td></td><td></td><td></td></tr>
<tr><td>图片与原稿一致并符合印刷的要求</td><td></td><td></td><td></td></tr>
<tr><td>成品质量检测</td><td></td><td></td><td></td></tr>
<tr><td>拼版文件的印刷标记齐全</td><td></td><td></td><td></td></tr>
<tr><td>能够及时完成整理整顿工作</td><td></td><td></td><td></td></tr>
<tr><td colspan="2">方法与能力评价（10分）</td><td>分析解决问题能力
组织能力
沟通能力
统筹能力
团队协作能力</td><td></td><td></td><td></td></tr>
<tr><td colspan="2">思政素质考核（10分）</td><td>课堂纪律
学习态度
责任心
安全意识
成本意识
质量意识</td><td></td><td></td><td></td></tr>
<tr><td colspan="7">总分：</td></tr>
<tr><td colspan="7">导师评价：

导师签名：
评价时间：</td></tr>
</table>

（五）总结反馈

- 活动名称：学习反思与总结。
- 活动目标：能够在导师和组长的带领下，完成 PPT 报告总结和视频总结。
- 活动时间：建议时长 30 分钟。
- 活动方法：自我评价，代表分享，导师评价。
- 活动内容：首先请小组代表以 PPT 或思维导图总结形式完成课堂分享。然后针对课后作业，要求每位学生在组内以 PPT 报告的形式完成学习经验的分享，并将分享过程录制成视频，在下课前交给导师。
- 活动工具：PPT 或思维导图。
- 活动评价：提交反思与总结结果、导师反馈意见。

学习记录

（六）拓展学习

拓展学习：岗位学习

请依据已学完的整个工作流程，独立完成企业提供的精装书籍制作任务，可在本书封底链接地址下载拓展学习任务素材。练习过程中有遇到任何问题，可记录在下面，必要时可通过“工匠讲堂”咨询导师，解决练习过程中的难题。

学习记录

模块三
包装类印刷品制作与输出

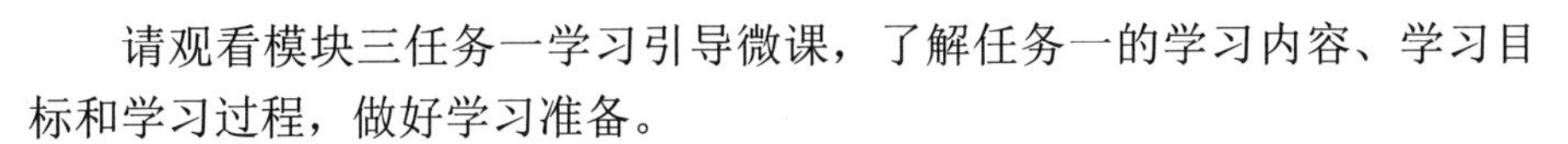

任务一　折叠纸盒制作与输出

学习引导

模块三任务一
学习引导

请观看模块三任务一学习引导微课，了解任务一的学习内容、学习目标和学习过程，做好学习准备。

学习过程

学习环节	具体学习内容
任务导入	获取任务相关信息，明确折叠纸盒打样与输出任务
制定计划	在导师指导下，各小组完成折叠纸盒制作和输出过程方案，或制定好计划
任务实施	在导师指导下，各小组完成折叠纸盒制作与输出工作过程，并得到结果
检查评价	依据 GB/T 34053.6—2017《纸质印刷产品印刷质量检验规范 第 6 部分：折叠纸盒》，通过自评、互评和导师评价等多元化评价方式，完成折叠纸盒印刷质量检测与评价
总结反馈	学生与导师对学习情况进行总结与反馈
拓展学习	完成与折叠纸盒制作与输出相关知识点的自我考核，以及职业技能等级认定题库的练习

（一）任务导入

1. 学习情景

四川省都江堰市盛产猕猴桃。为帮助果农销售水果，强化都江堰猕猴桃品牌形象，都江堰市政府委托某校设计一款猕猴桃外包装，并提供实物样品。制作周期为 7 天，期间包括与客户的方案交流、看样签样等环节。折叠纸盒制作任务素材可在本书封底链接地址下载。图 3-1 为客户提供的原稿。图 3-2 为制作完成的产品。

图 3-1 折叠纸盒原稿（电子稿）

图 3-2 折叠纸盒成品

2. 学习目标

通过对折叠纸盒打样与输出学习，要掌握以下学习目标。

目标类型	目标内容
知识目标	通过课堂学习，能够熟知常见折叠纸盒结构
	通过微课资源学习，能够熟知专色的概念及使用规范
	通过课堂实践，能够掌握包装产品中陷印的概念及设置方法
	通过课堂学习，能够掌握一维条码的概念，熟知一维条码使用规范
	通过纸盒打样实践，能够熟知折叠纸盒输出质量要求
技能目标	能利用印前输出软件，对折叠纸盒完成出血、文字、图片检查及修改，能完成专色设置、陷印制作、条码生成
	能利用拼版软件，完成拼版输出
	能利用数码输出设备完成专色追样、纸盒输出
	能利用盒型打样机完成盒型模切
	能依据质量检测标准，撰写质量检测报告
素质目标	从绿色生产角度，对折叠纸盒分色方案进行优化设计
	从安全生产角度，对折叠纸盒印刷、模切工艺环节提出安全生产要求

3. 学习方案

为了完成折叠纸盒打样与输出案例，请同学们阅读学习安排表和任务知识体系表。如有疑问，请咨询导师。

学习安排表

学习主题	学习方式	学习时长	学习资源	学习工具
猕猴桃折叠纸盒打样	课堂学习	4 学时	课堂学习资料	1. 图形处理软件 Illustrator，图像处理软件 Photoshop，拼版软件 Preps，或 Quite Imposing 拼版插件，或印通系统； 2. 数字印刷机、盒型打样机
	实训学习	4 学时	任务素材（折叠纸盒电子稿、拼版稿、印前检查完善稿）	
	网络学习	1 周内	自主学习资料、企业案例、微课	

任务知识体系表

学习主题	知识类型	知识点	资源	学习进度
工作过程 1：审阅工单，确定任务	核心概念	折叠纸盒结构	微课：常见折叠纸盒结构	
	工作原则	归纳总结原则		
	工作方法和内容	审阅设计部门下发的活件流转单	阅读材料：任务工单	
	工具	FTP、邮件、网盘等		
工作过程 2：数据接收，文件审核	核心概念	折叠纸盒出血位与安全位	微课：折叠纸盒出血位与安全位	
	工作原则	严谨细致原则		
	工作方法和内容	检查并修改出血位与安全位		
	工具	Illustrator、Photoshop		
工作过程 3：规范文件，生产制作	核心概念	规范文件环节：条形码、专色、陷印； 产品输出环节：纸盒拼版、成品打样、盒型结构打样	微课：条形码概念 微课：折叠纸盒拼版原则 阅读材料：包装盒数码打样评分标准 微课：盒型打样机操作演示	
	工作原则	精益求精，绿色化、标准化、规范化生产		
	工作方法和内容	运用 CodeBar 生成条形码； 运用 Illustrator、Photoshop、CorelDRAW 软件建立专色，处理陷印	微课：条形码制作 微课：专色概念及专色制作 微课：陷印概念及陷印处理	
	工具	CodeBar、CorelDRAW、Illustrator、Photoshop		
工作过程 4：质量检测，整理整顿	核心概念	折叠纸盒输出质量要求	阅读材料：折叠纸盒质量检测标准	
	工作原则	安全意识、质量意识、6S 管理		
	工作方法和内容	按照 GB/T 34053.6—2017《纸质印刷产品印制质量检验规范 第 6 部分：折叠纸盒》进行质量检测，分小组完成检测报告	质量检测报告模板	
	工具	直尺、爱色丽色差仪等		

4. 学生分组

课前，请同学们根据互补性分组原则完成分组，在规定时间内完成组长的选定。学习任务分组模板见下表。同时撰写出各成员的个性特点及专业特长。此分组情况根据后续学习情况会及时更新。

学习任务分组

<table>
<tr><td rowspan="7">班级：</td><td rowspan="7">组别：</td><td>成员姓名</td><td>个性特点</td><td>专业特长</td></tr>
<tr><td></td><td></td><td></td></tr>
<tr><td></td><td></td><td></td></tr>
<tr><td></td><td></td><td></td></tr>
<tr><td></td><td></td><td></td></tr>
<tr><td></td><td></td><td></td></tr>
<tr><td colspan="3">组长：</td></tr>
<tr><td colspan="5">任务分工</td></tr>
<tr><td colspan="5"></td></tr>
</table>

5. 知识获取

根据学习要求，请先自主学习、查询并整理相关概念信息。

关键知识清单：折叠纸盒结构、折叠纸盒出血位与安全位、一维条码和二维条码、专色、陷印、拼版原则、追专色方法、盒型打样机操作方法、折叠纸盒印刷要求。

（1）学习目标

目标 1：正确查询或搜集关键知识清单中的概念性知识内容。

目标 2：描述关键知识清单中的概念性知识含义。

（2）学习活动

学习活动 1：查一查

以小组为单位，通过网络查询和相关专业书籍查阅，初步理解以上概念性知识。请将查询到的概念填写在下面。

学习记录

学习活动 2：说一说

折叠纸盒结构多样，变化丰富，你能借助什么工具快速判断折叠纸盒是否能成型？请自行查阅相关资料，给出解决策略。

学习记录

(二)制定计划

为了完成折叠纸盒打样与输出任务，需要制定合理的实施方案。

1. 计划

(1)学习目标

能够准确地梳理出折叠纸盒打样与输出的工艺流程，选取打样输出所需要的材料、设备。

(2)学习活动：做一做

请通过岗位调研或学习引导视频，提出自己的实施计划方案，梳理出主要的工作步骤并填写出来，尝试绘制工作流程图。

学习记录

2. 决策

(1)学习目标

在组长的带领下，能够筛选并确定小组内最佳任务实施方案。

(2)学习活动：选一选

在组长带领下，经过小组讨论比较，得出 2 个方案。导师审查每个小组的实施方案并提出整改意见。各小组进一步优化实施方案，确定最终的工作方案。将最终实施方案填写出来。

学习记录

（三）任务实施

要完成折叠纸盒制作与输出任务，须进行以下 4 个工作过程。

· 工作过程 1　审阅工单，确定任务 ·

1. 学习目标

目标类型	学习目标	学习活动	学习方式
知识目标	通过学习“常见折叠纸盒结构”微课掌握常见折叠纸盒结构	学习活动 1	课堂学习、岗位学习
技能目标	通过审阅工单成品尺寸完成展开尺寸的计算	学习活动 2	自主学习、岗位学习
素质目标	通过成品尺寸计算，培养科学严谨的品质	学习活动 3	课堂学习、岗位学习

2. 学习活动

学习活动 1：找一找

扫码阅读模块三任务一工单，学习“常见折叠纸盒结构”微课。想一想本任务中涉及的纸盒结构是什么，并将猕猴桃包装纸盒打样制作订单用到的材料、工具、工艺记录在下面。

模块三任务一工单

微课：常见折叠纸盒结构

学习记录

学习活动 2：做一做

请根据模块三任务一工单信息，将折叠纸盒面纸和瓦楞纸尺寸及其推算方式记录在下面。

学习记录

学习活动 3：想一想

在生产过程中有可能碰到客户选用的纸张不满足生产要求，或者打印输出效果不完美的情况。遇到这种情况该如何处理呢？请把你的处理方法写到下面。

学习记录

3. 课后练习

学习活动：做一做

根据企业安排和提供的学习素材（请在本书封底链接地址下载），独立完成“审阅工单，确定任务”练习任务。请将岗位练习成果或总结整理汇总，放置在活页教材中，并在下次辅导时提交给导师。如遇到疑问或挑战，要及时通过“工匠讲堂”线上平台咨询导师。

学习记录

· 工作过程 2 数据接收，文件审核 ·

1. 学习目标

目标类型	学习目标	学习活动	学习方式
知识目标	能够熟知折叠纸盒出血位和安全位概念	学习活动 1	课堂学习、自主学习
技能目标	能够根据印前制作要求，检查源文件是否符合印刷要求	学习活动 2	课堂学习、岗位学习

2. 学习活动

折叠纸盒出血位与安全位

学习活动 1：说一说

通过扫码学习折叠纸盒出血位与安全位知识，向组内其他同学说一说你对折叠纸盒出血位和安全位等内容的理解，并将检查过程记录下来。

学习记录

学习活动 2：做一做

对在学习情景中下载的客户文件进行审核，自行快速检查文件是否有出血、安全位设置不正确，缺字体，缺链接图，图片清晰度不够等问题。若无问题，请将文件保存。若有问题，将问题记录下来。

学习记录

3. 课后练习

学习活动：做一做

根据企业安排和提供的学习素材（请在本书封底链接地址下载），独立完成“数据接收，文件审核”练习任务。请将岗位练习成果或总结整理汇总，放置在活页教材中，并在下次辅导时提交给导师。如遇到疑问或挑战，要及时通过“工匠讲堂”线上平台咨询导师。

学习记录

· 工作过程 3　规范文件，生产制作 ·

1. 学习目标

目标类型	学习目标	学习活动	学习方式
技能目标	1. 能利用印前处理软件完成专色建立和陷印处理； 2. 能生成一维条码和二维条码； 3. 能利用拼版软件完成拼版	学习活动 1 ～ 3	课堂学习、岗位学习
	4. 能利用数码输出设备完成专色匹配； 5. 能利用盒型打样机模切数码印刷品	学习活动 4 ～ 6	岗位学习
素质目标	1. 通过优化折叠纸盒分色方案，建立绿色生产意识； 2. 通过操作各项输出设备，建立安全生产意识	学习活动 7	岗位学习

2. 学习活动

模块三任务一生产作业指导书

专色概念及专色制作

陷印概念及陷印处理

学习活动 1：做一做

根据折叠纸盒生产作业指导书要求，在规定时间内，完成折叠纸盒专色和陷印处理，并记录操作时间，评出“最快陷印处理能手”。

学习记录

学习活动 2：做一做

扫描“条形码制作”二维码，完成条形码制作，并把制作过程及出现的问题、解决方案等记录在下面。

条形码概念

条形码制作

学习记录

学习活动 3：写一写

扫码学习“折叠纸盒拼版原则”，将折叠纸盒拼版需要考虑的关键知识点记录在下面。

折叠纸盒拼版原则

学习记录

学习活动 4：做一做

包装盒数码专色打样

根据提供的设备和纸张，参考包装盒数码专色打样方法，完成针对折叠纸盒产品的数码追专色操作，记录操作过程及各参数（标准专色值、打样专色值），并进行色差分析。

学习记录

学习活动 5：评一评

包装盒数码打样评分标准

➢ 活动名称：打印输出过程评价。

➢ 活动目标：能够正确输出包装纸盒。

➢ 活动时间：建议时长 15～20 分钟。

➢ 活动内容：根据包装盒数码打样评分标准，小组互评学习活动 4 的印刷质量，记录印刷过程中不规范问题，投票统计出现频率高的问题。对这些问题进行原因分析，并做修改。

➢ 活动工具：投票统计工具。

学习记录

学习活动 6：做一做

盒型打样机操作

利用盒型打样机对打印输出的印刷品进行模切。记录操作步骤、设置的参数，以及操作过程中遇到的问题，并给出解决方案。

学习记录

学习活动 7：想一想

规范化生产案例

通过观看企业规范化生产的案例视频，回忆总结自己在操作过程中不规范的操作行为，指出改正方法，并作记录。

学习记录

3. 课后练习

学习活动：做一做

根据企业安排和提供的学习素材（请在本书封底链接地址下载），独立完成“规范文件，生产制作”练习任务。在操作过程中，如有疑问，要进入“工匠讲堂”及时与导师进行沟通完善。

学习记录

·工作过程 4 质量检测，整理整顿·

1. 学习目标

目标类型	学习目标	学习活动	学习方式
知识目标	熟练掌握折叠纸盒质量检测指标、检测方法	学习活动 1	自主学习、课堂学习
技能目标	在规定的时间内，熟练完成折叠纸盒的成品质量检测	学习活动 2	岗位学习
	完成对不合格品问题的分析与整理	学习活动 3	岗位学习
素质目标	在岗位学习过程中，养成标准化、规范化的工作习惯	学习活动 4	岗位学习

2. 学习活动

折叠纸盒质量检测标准

学习活动 1：测一测

通过学习折叠纸盒质量检测标准，小组成员之间以互相提问的方式，对检测指标、检测方法等知识点进行巩固。将知识点中未能掌握的内容记录下来，以便进行查缺补漏，逐步掌握。

学习记录

质量检测报告

学习活动 2：做一做

请各组同学将小组合作完成的折叠纸盒，依照检测标准要求，完成成品质量检测，并给出质量检测报告。

学习记录

学习活动 3：议一议

请各小组完成成品检测后，查看质量检测报告，逐个核对检测指标的规范性、合格性。对于个别未达标的指标进行问题分析，分析影响产品质量的原因，并提出改进计划。

学习记录

学习活动 4：说一说

通过观看导师提供的规范化、标准化企业现场生产资料，说一说你对智能制造的理解和认识。

企业案例：企业生产现场视频

学习记录

3. 课后练习

学习活动：做一做

根据企业提供的学习素材（请在本书封底链接地址下载），独立熟练完成“质量检测，整理整顿”练习任务。在操作过程中，如有疑问，要进入“工匠讲堂”及时与导师进行沟通完善。

学习记录

（四）检查评价

学习活动1：评一评

- 活动名称：学习质量评价。
- 活动目标：能够正确使用学习评价表，完成学习质量评价。
- 活动时间：建议时长10～15分钟。
- 活动方法：自我评价，小组评价，导师评价。
- 活动内容：根据学习过程数据记录，进行自我评价、小组评价和导师评价。
- 活动工具：学习评价表。
- 活动评价：提交评价结果、导师反馈意见。

学习记录

学习活动 2：评一评

先根据评分表梳理整个操作环节，进行自我评价。然后将表交给组长进行组内评价。最后由导师进行评价。

学习检查与评价

班级：　　　　　　　　　　任务名称：　　　　　　　　　　组别：

<table>
<tr><th colspan="3">工作任务</th><th>评价内容</th><th>自评</th><th>组内互评</th><th>导师评价</th></tr>
<tr><td colspan="3" rowspan="5">任务导入（15 分）</td><td>查找与任务有关的资料</td><td></td><td></td><td></td></tr>
<tr><td>主动咨询</td><td></td><td></td><td></td></tr>
<tr><td>认真学习与任务有关的知识技能</td><td></td><td></td><td></td></tr>
<tr><td>团队积极研讨</td><td></td><td></td><td></td></tr>
<tr><td>团队合作</td><td></td><td></td><td></td></tr>
<tr><td colspan="3" rowspan="2">制定计划（15 分）</td><td>1. 完成计划方案（10 分）
计划内容详尽
格式标准
思路清晰
团队合作</td><td></td><td></td><td></td></tr>
<tr><td>2. 分析方案可行性（5 分）
方案合理
分工合理
任务清晰
时间安排合理</td><td></td><td></td><td></td></tr>
<tr><td rowspan="8">任务实施（共 70 分）</td><td rowspan="8">技能评价（50 分）</td><td rowspan="3">工作过程 1：审阅工单，确定任务</td><td>能够正确对接工艺员</td><td></td><td></td><td></td></tr>
<tr><td>能够正确分析工单</td><td></td><td></td><td></td></tr>
<tr><td>能够明确任务</td><td></td><td></td><td></td></tr>
<tr><td rowspan="5">工作过程 2：数据接收，文件审核</td><td>能够检查字体、图片、链接图是否缺失</td><td></td><td></td><td></td></tr>
<tr><td>能够检查并修改偏色</td><td></td><td></td><td></td></tr>
<tr><td>能够修改图像分辨率</td><td></td><td></td><td></td></tr>
<tr><td>熟练检查并添加出血位、安全位</td><td></td><td></td><td></td></tr>
<tr><td>熟练检查并修改黑色文字</td><td></td><td></td><td></td></tr>
</table>

续表

工作任务			评价内容	自评	组内互评	导师评价
任务实施（共70分）	技能评价（50分）	工作过程3：规范文件，生产制作	能够正确生成条码			
			能够正确建立专色			
			能够正确进行陷印处理			
			能够识别拼版信息			
			能够制作拼版文件			
			能够正确追专色			
			能够正确操作盒型打样机			
			核对输出稿件与客户文件的一致性			
		工作过程4：质量检测，整理整顿	文字与原稿一致并符合印刷要求			
			图片与原稿一致并符合印刷要求			
			拼版与生产作业指导书要求一致			
			拼版文件的印刷标记齐全			
			能够及时完成整理整顿工作			
	方法与能力评价（10分）		分析解决问题能力 组织能力 沟通能力 统筹能力 团队协作能力			
	思政素质考核（10分）		课堂纪律 学习态度 责任心 安全意识 成本意识 质量意识			

总分：

导师评价：

导师签名：

评价时间：

（五）总结反馈

学习活动 1：反思与总结

➢ 活动名称：学习反思与总结。

➢ 活动目标：能够在导师和组长的带领下，完成 PPT 报告总结和视频总结。

➢ 活动时间：建议时长 30 分钟。

➢ 活动方法：自我评价，代表分享，导师评价。

➢ 活动内容：首先请小组代表以 PPT 或思维导图总结形式完成课堂分享。然后针对课后作业，要求每位学生在组内以 PPT 报告的形式完成学习经验的分享，并将分享过程录制成视频，在下课前交给导师。

➢ 活动工具：PPT 或思维导图。

➢ 活动评价：提交反思与总结结果、导师反馈意见。

学习记录

学习活动 2：评一评

以学习小组为单位，评出你所在的小组的最佳作品或成果，以及最佳学习代表。

学习记录

（六）拓展学习

拓展学习 1：岗位学习

请依据已学完的整个工作流程，独立完成折叠纸盒制作任务。拓展学习任务素材可在本书封底链接地址下载。练习过程中有遇到任何问题，可记录在拓展学习记录中。必要时可咨询导师，解决练习过程中的难题。

学习记录

拓展学习 2：赛项竞技

本任务所学内容为全国印刷行业职业技能大赛印前制作员和数字印刷员赛项考核内容，同时也涉及世界技能大赛印刷媒体技术项目考核内容。请扫描考核题库二维码，完成与本任务有关的试题，如实记录得分情况，并认真分析错题。

考核题库

学习记录

得分情况： 班级名次： 错题分析：

任务二　精品盒制作与输出

学习引导

请观看模块三任务二学习引导视频，了解任务二的学习内容、学习目标和学习过程，做好学习准备。

模块三任务二学习引导

学习过程

学习环节	具体学习内容
任务导入	获取任务相关信息，明确精品盒打样与输出任务
制定计划	在导师指导下，各小组完成精品盒制作和输出过程方案，或制定好计划
任务实施	在导师指导下，各小组完成精品盒制作与输出工作过程，并得到结果
检查评价	依据《某公司：精品盒 / 礼盒检验标准》，通过自评、互评和导师评价等多元化评价方式，完成精品盒印刷质量检测与评价
总结反馈	学生与导师对学习情况进行总结与反馈
拓展学习	完成精品盒制作和输出相关知识点的自我考核，以及职业技能等级认定题库的练习

（一）任务导入

1. 学习情景

2023 年 8 月，第 31 届世界大学生夏季运动会在成都举办。为了更好地弘扬中国传统文化，宣传成都城市形象，拟在参赛选手参赛纪念包中放入一份蜀锦纪念品。为此成都市政府委托某公司设计一款蜀锦包装盒，并要求公司提供实物样品。精品盒制作任务素材可在本书封底链接地址下载。图 3-3 为客户提供的电子原稿。图 3-4 为制作完成的成品。

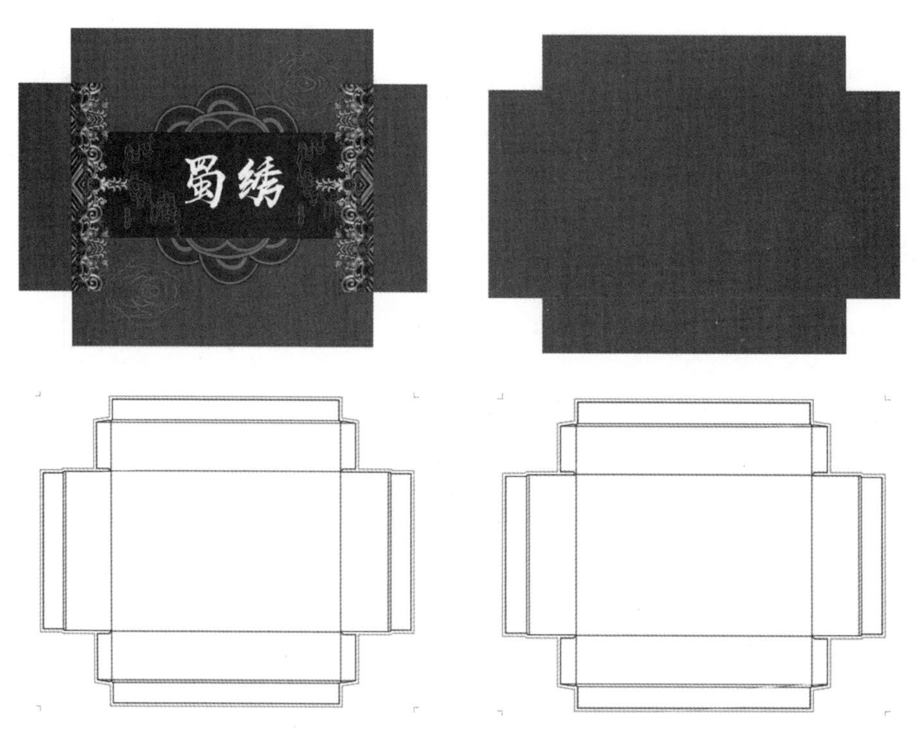

图 3-3 精品盒原稿（电子稿）

图 3-4 精品盒成品

2. 学习目标

通过对精品盒打样与输出的学习，要掌握以下学习目标。

目标类型	目标内容
知识目标	通过课堂学习，熟知常见精品盒结构
	通过微课资源学习，了解数字印刷印后装饰工艺
	通过案例分析，了解版纹防伪技术，了解 RFID 标签制作要求
	通过产品对比，能够分析标签数码印刷与普通印刷的异同
	通过纸盒打样实践，熟知精品盒输出质量要求
技能目标	能利用印前输出软件，对精品盒完成出血、文字、图片检查及修改，能完成印后加工图层制作
	能利用德豹版纹防伪软件制作防伪版纹
	能利用拼版软件完成标签拼版输出
	能手工完成精品盒成型制作
	能依据质量检测标准，撰写质量检测报告
素质目标	能从创新的角度，对精品盒工艺提出创新要求
	能从提高产品附加值角度，探寻行业前沿技术

3. 学习方案

为了完成精品盒打样与输出案例，请同学们阅读学习安排表和任务知识体系表。如有疑问，请咨询导师。

学习安排表

学习主题	学习方式	学习时长	学习资源	学习工具
蜀绣精品盒打样	课堂学习	4 学时	课堂学习资料	1. 图形处理软件 Illustrator，图像处理软件 Photoshop； 2. 拼版软件 Preps，或 Quite Imposing 拼版插件，或印通系统； 3. 德豹防伪系统； 4. 数字印刷机； 5. 盒型打样机
	实训学习	8 学时	任务素材（精品盒电子稿、拼版稿、印前检查完善稿）	
	网络学习	1 周内	自主学习资料、企业案例、微课视频	

任务知识体系表

学习主题	知识类型	知识点	资源	学习进度
工作过程1：审阅工单，确定任务	核心概念	常见精品盒结构	微课：常见精品盒结构	
	工作原则	归纳总结原则		
	工作方法和内容	审阅设计部门下发的活件流转单，审阅盒型结构是否正确	阅读材料：任务工单	
	工具	FTP、邮件、网盘等		
工作过程2：数据接收，文件审核	核心概念	数字印刷印后装饰工艺、版纹防伪技术	微课：数字印刷印后装饰工艺 微课：版纹防伪技术	
	工作原则	严谨细致原则		
	工作方法和内容	制作印后加工图层文件，常规印前文件检查		
	工具	Illustrator、Photoshop		
工作过程3：规范文件，生产制作	核心概念	版纹防伪、RFID标签、精品盒成型	微课：RFID标签制作 微课：精品盒成型	
	工作原则	精益求精，绿色化生产		
	工作方法和内容	利用德豹防伪软件生成防伪版纹，标签规范化生产	微课：版纹制作 微课：标签生产	
	工具	德豹防伪软件、Illustrator、Photoshop		
工作过程4：质量检测，整理整顿	核心概念	精品盒输出质量要求	阅读资料：精品纸盒质量检测企业标准	
	工作原则	安全意识、质量意识、6S管理		
	工作方法和内容	按照《某公司精品盒质量检验标准》进行质量检测，并分小组完成检测报告	质量检测报告模板	
	工具	直尺、爱色丽色差仪等		

4. 学生分组

课前，请同学们根据互补性分组原则完成分组，在规定时间内完成组长的选定。学习任务分组模板见下表。同时撰写出各成员的个性特点及专业特长。此分组情况根据后续学习情况会及时更新。

学习任务分组

<table>
<tr><td rowspan="7">班级：</td><td rowspan="7">组别：</td><td>成员姓名</td><td>个性特点</td><td>专业特长</td></tr>
<tr><td></td><td></td><td></td></tr>
<tr><td></td><td></td><td></td></tr>
<tr><td></td><td></td><td></td></tr>
<tr><td></td><td></td><td></td></tr>
<tr><td></td><td></td><td></td></tr>
<tr><td colspan="3">组长：</td></tr>
<tr><td colspan="5">任务分工</td></tr>
<tr><td colspan="5"></td></tr>
</table>

5. 知识获取

根据学习要求，请先自主学习、查询并整理相关概念信息。

关键知识清单：常见精品盒结构、数字印刷印后装饰工艺、版纹防伪技术、RFID标签制作要求、标签数码印刷机操作方法、精品盒印刷要求。

（1）学习目标

目标1：正确查询或搜集关键知识清单中的概念性知识内容。

目标2：描述关键知识清单中的概念性知识含义。

（2）学习活动

活动1：查一查

以小组为单位，通过网络查询和相关专业书籍查阅，初步理解以上概念性知识。请将查询到的概念填写在下面（若页数不够，请自行添加空白页）。

学习记录

活动2：查一查

你知道版纹防伪技术吗？你知道版纹防伪技术的应用领域吗？请将你查到的相关知识记录下来。

学习记录

（二）制定计划

为了完成精品盒制作与输出任务，需要制定合理的实施方案。

1. 计划

（1）学习目标

能够准确地梳理出精品盒打样与输出的工艺流程，选取打样输出所需要的材料、设备。

（2）学习活动：做一做

请通过岗位调研或学习引导视频，提出自己的实施计划方案，梳理出主要的工作步骤并填写出来，并尝试绘制工作流程图。

学习记录

2. 决策

（1）学习目标

在组长的带领下，能够筛选并确定小组内最佳任务实施方案。

（2）学习活动：选一选

在组长带领下，经过小组讨论比较，得出 2 个方案。导师审查每个小组的实施方案并提出整改意见。各小组进一步优化实施方案，确定最终的工作方案。将最终实施方案填写出来。

学习记录

（三）任务实施

为完成模块三任务二的产品制作与输出学习任务，必须进行以下 4 个工作过程学习。

·工作过程 1　审阅工单，确定任务·

1. 学习目标

目标类型	学习目标	学习活动	学习方式
知识目标	通过学习“常见精品盒结构”微课，掌握常见精品盒结构	学习活动 1	课堂学习、岗位学习
技能目标	通过审阅工单成品尺寸，能够完成精品包装盒各结构展开尺寸的计算	学习活动 2	自主学习、岗位学习
素质目标	通过成品尺寸计算练习，养成科学严谨的工作习惯	学习活动 3	课堂学习、岗位学习

2. 学习活动

学习活动 1：找一找

通过阅读任务工单，查一查“蜀锦包装纸盒制作与输出”订单用到的材料、工具、工艺，同时记录查阅过程中的疑问。

常见精品盒结构

模块三任务二工单

学习记录

学习活动 2：做一做

请根据任务二工单信息，分别计算地盖灰板、地盖面纸、天盖灰板、天盖面纸的展开尺寸，并记录下来。

学习记录

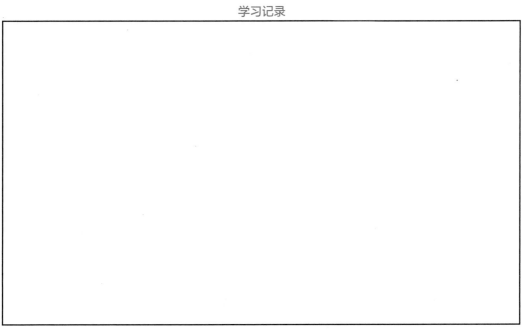

学习活动 3：想一想

苹果手机包装盒大多采用天地盖式盒型结构。据说，苹果所有外包装盒在被拿起来的时候，下部可以匀速滑落下来 1.5cm，方便用户打开包装盒，而且滑落速度和距离的误差率都不能超过 3%。你怎么看待苹果公司对包装盒设计的这一要求？请记录在下面。

学习记录

3. 课后练习

学习活动：做一做

根据企业安排和提供的学习素材（请在本书封底链接地址下载），独立完成“审阅工单，确定任务”练习任务。请将岗位练习成果或总结整理汇总，放置在活页教材中，并在下次辅导时提交给导师。如遇到疑问或挑战，要及时通过“工匠讲堂”线上平台咨询导师。

学习记录

· 工作过程 2　数据接收，文件审核 ·

1. 学习目标

目标类型	学习目标	学习活动	学习方式
知识目标	1. 熟知包装产品印前检查内容及方法； 2. 熟知数字印刷印后装饰工艺； 3. 了解版纹防伪技术	学习活动 1 ～ 3	课堂学习、岗位学习
技能目标	1. 能够根据印前制作要求，检查源文件是否符合印刷要求； 2. 能利用德豹防伪软件制作防伪信息	学习活动 2、3	课堂学习、岗位学习

2. 学习活动

学习活动 1：说一说

通过模块二任务一的学习，对在学习情景中下载的客户文件进行审核，自行快速检查文件是否有出血、安全位设置不正确，缺字体，缺链接图，图片清晰度不够等问题。若无问题，请将文件保存。若有问题，将问题记录下来。

学习记录

学习活动 2：做一做

数字印刷印后装饰工艺

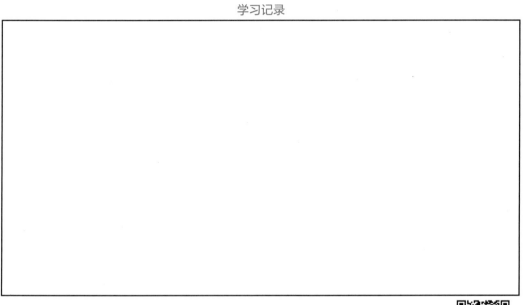

扫码学习“数字印刷印后装饰工艺”。通过分析客户提供的源文件，考虑印后加工工艺的设计，并将设计方案记录下来。

学习记录

学习活动 3：做一做

通过扫描“版纹防伪技术”二维码，学习版纹防伪的原理、版纹防伪元素以及各类版纹运用领域等内容，并将学习所得记录在下面。

版纹防伪技术

学习记录

3. 课后练习

学习活动：做一做

根据企业安排和提供的学习素材（请在本书封底链接地址下载），独立完成“数据接收，文件审核”练习任务。请将岗位练习成果或总结整理汇总，放置在活页教材中，并在下次辅导时提交给导师。如遇到疑问或挑战，要及时通过“工匠讲堂”线上平台咨询导师。

学习记录

· 工作过程 3　规范文件，生产制作 ·

1. 学习目标

目标类型	学习目标	学习活动	学习方式
技能目标	1. 能利用印前处理软件完成印后加工工艺印前文件制作； 2. 能利用德豹软件完成防伪版纹制作	学习活动 1 ～ 3	课堂学习、岗位学习
	3. 能利用拼版软件完成标签拼版； 4. 能利用数码印刷机完成标签印刷	学习活动 4 ～ 6	岗位学习
素质目标	通过版纹防伪新技术的运用，增强创新意识；通过熟悉 RFID（射频识别）新技术，具备探寻行业前沿技术意识	学习活动 7	岗位学习

2. 学习活动

学习活动 1：做一做

根据精品盒生产作业指导书要求，在规定时间内，完成精品盒印后加工工艺印前文件制作，并记录关键问题、操作时间，评出“最快印后图层制作能手”。

生产作业指导书

学习记录

学习活动 2：做一做

防伪版纹制作

扫描“防伪版纹制作”二维码，通过学习版纹分类、生成方式，结合客户提供的标签样稿、制作要求，分析版纹制作工艺，并将选择该版纹的原因、制作方法记录下来。

学习记录

学习活动 3：写一写

RFID 标签制作

扫描“RFID 标签制作”二维码，将 RFID 标签概念、分类及其制作工艺流程记录在下面。

学习记录

学习活动 4：做一做

标签印刷生产

根据提供的设备和纸张，完成精品盒数码打样和标签印刷。记录操作过程中出现的问题、未掌握的关键技术等内容。

学习记录

学习活动 5：评一评

包装产品印前文件检查赛项评分标准

➢ 活动名称：印前制作文件评价。

➢ 活动目标：能够正确制作精品盒印前文件。

➢ 活动时间：建议时长 15～20 分钟。

➢ 活动内容：根据包装产品印前文件检查赛项评分标准，对学习活动 1 中印前文件制作进行小组互评，记录制作过程中的问题，投票统计出现频率高的问题。对这些问题进行原因分析，并做修改。

➢ 活动工具：投票统计工具。

学习记录

学习活动 6：做一做

扫描“精品盒成型”二维码，自主学习常见精品盒成型工艺，完成精品盒手工制作，并记录成型过程。

精品盒成型

学习记录

学习记录

学习活动 7：想一想

RFID 技术是自动识别技术中的一种，是利用无线射频方式对电子标签或射频卡进行读写，从而达到识别的目的。这一技术与印刷技术相差较远，是否不需要学习这部分内容呢？请将你的观点写在下面。

学习记录

3. 课后练习

学习活动：做一做

请根据企业提供的学习素材，独立完成“规范文件，生产制作”练习任务。在操作过程中，如有疑问，要进入“工匠讲堂”及时与导师进行沟通完善。

学习记录

·工作过程 4　质量检测，整理整顿·

1. 学习目标

目标类型	学习目标	学习活动	学习方式
知识目标	熟练掌握精品盒质量检测指标、检测方法	学习活动 1	自主学习、课堂学习
技能目标	在规定的时间内，熟练完成精品盒的成品质量检测	学习活动 2	岗位学习
	完成对不合格品问题的分析与整理	学习活动 3	岗位学习
素质目标	在岗位学习过程中，养成标准化、规范化的工作习惯	学习活动 4	岗位学习

2. 学习活动

学习活动 1：测一测

某公司精品盒质量检测标准

通过学习精品盒质量检测企业标准，小组成员之间以互相提问的方式，对检测指标、检测方法等知识点进行巩固。将知识点中未能掌握的内容记录下来，以便查缺补漏，逐步掌握。

学习记录

学习活动 2：做一做

精品盒质量检测报告模板

请各组同学对小组合作完成的精品盒，依照检测标准规范要求，完成成品质量检测，并根据精品盒质量检测报告模板，出具质量检测报告。

学习记录

学习活动 3：议一议

各小组完成成品检测后，查看质量检测报告，逐个核对检测指标的规范性、合格性。对于个别未达标的指标进行问题分析，分析影响产品质量的原因，并提出改进计划。

学习记录

学习活动 4：说一说

某企业生产现场视频

通过观看导师提供的精品盒企业现场生产资料，请说一说你对印后加工智能生产的理解和认识。

3. 课后练习

学习活动：做一做

请根据导师提供的学习素材（请在本书封底链接地址下载），独立熟练完成“质量检测，整理整顿”的任务。在操作过程中，如有疑问，要进入“工匠讲堂”及时与导师进行沟通完善。

学习记录

（四）检查评价

学习活动 1：评一评

- 活动名称：学习质量评价。
- 活动目标：能够正确使用学习评价表，完成学习质量评价。
- 活动时间：建议时长 10～15 分钟。
- 活动方法：自我评价，小组评价，导师评价。
- 活动内容：根据学习过程数据记录，进行自我评价、小组评价和导师评价。
- 活动工具：学习评价表。
- 活动评价：提交评价结果、导师反馈意见。

学习记录

学习活动 2：评一评

先根据评分表梳理整个操作环节，进行自我评价，然后将表交给组长进行组内评价，最后由导师进行评价。

学习检查与评价

班级：　　　　　　　　任务名称：　　　　　　　　组别：

<table>
<tr><th colspan="3">工作任务</th><th>评价内容</th><th>自评</th><th>组内互评</th><th>导师评价</th></tr>
<tr><td colspan="3" rowspan="5">任务导入（15 分）</td><td>查找与任务有关的资料</td><td></td><td></td><td></td></tr>
<tr><td>主动咨询</td><td></td><td></td><td></td></tr>
<tr><td>认真学习与任务有关的知识技能</td><td></td><td></td><td></td></tr>
<tr><td>团队积极研讨</td><td></td><td></td><td></td></tr>
<tr><td>团队合作</td><td></td><td></td><td></td></tr>
<tr><td colspan="3" rowspan="2">制定计划（15 分）</td><td>1. 完成计划方案（10 分）
计划内容详细
格式标准
思路清晰
团队合作</td><td></td><td></td><td></td></tr>
<tr><td>2. 分析方案可行性（5 分）
方案合理
分工合理
任务清晰
时间安排合理</td><td></td><td></td><td></td></tr>
<tr><td rowspan="13">任务实施（共 70 分）</td><td rowspan="13">技能评价（50 分）</td><td rowspan="8">工作过程 1：审阅工单，确定任务</td><td>能够正确对接工艺员</td><td></td><td></td><td></td></tr>
<tr><td>能够正确分析工单</td><td></td><td></td><td></td></tr>
<tr><td>能够明确任务</td><td></td><td></td><td></td></tr>
<tr><td>能够正确计算地盖灰板尺寸</td><td></td><td></td><td></td></tr>
<tr><td>能够正确计算地盖面纸尺寸</td><td></td><td></td><td></td></tr>
<tr><td>能够正确计算天盖灰板尺寸</td><td></td><td></td><td></td></tr>
<tr><td>能够正确计算天盖面纸尺寸</td><td></td><td></td><td></td></tr>
<tr><td>能够检查字体、图片、链接图是否缺失</td><td></td><td></td><td></td></tr>
<tr><td rowspan="5">工作过程 2：数据接收，文件审核</td><td>能够检查并修改偏色</td><td></td><td></td><td></td></tr>
<tr><td>能够修改图像分辨率</td><td></td><td></td><td></td></tr>
<tr><td>熟练检查并添加出血位、安全位</td><td></td><td></td><td></td></tr>
<tr><td>熟练检查并修改黑色文字</td><td></td><td></td><td></td></tr>
<tr><td>能够正确生成印后加工图层</td><td></td><td></td><td></td></tr>
</table>

续表

<table>
<tr><th colspan="3">工作任务</th><th>评价内容</th><th>自评</th><th>组内互评</th><th>导师评价</th></tr>
<tr><td rowspan="15">任务实施（共70分）</td><td rowspan="13">技能评价（50分）</td><td rowspan="7">工作过程3：规范文件，生产制作</td><td>能够正确生产防伪版纹</td><td></td><td></td><td></td></tr>
<tr><td>能够正确完成标签拼版</td><td></td><td></td><td></td></tr>
<tr><td>能够绘制RFID生产工艺流程图</td><td></td><td></td><td></td></tr>
<tr><td>能够正确输出盒型文件</td><td></td><td></td><td></td></tr>
<tr><td>能够正确输出拼版标签文件</td><td></td><td></td><td></td></tr>
<tr><td>能够正确操作盒型打样机</td><td></td><td></td><td></td></tr>
<tr><td>核对输出稿件与客户文件一致</td><td></td><td></td><td></td></tr>
<tr><td rowspan="6">工作过程4：质量检测，整理整顿</td><td>文字与原稿一致并符合印刷要求</td><td></td><td></td><td></td></tr>
<tr><td>图片与原稿一致并符合印刷要求</td><td></td><td></td><td></td></tr>
<tr><td>拼版与生产作业指导书要求一致</td><td></td><td></td><td></td></tr>
<tr><td>拼版文件的印刷标记齐全</td><td></td><td></td><td></td></tr>
<tr><td>能够及时完成整理整顿工作</td><td></td><td></td><td></td></tr>
<tr><td colspan="2">方法与能力评价（10分）</td><td>分析解决问题能力
组织能力
沟通能力
统筹能力
团队协作能力</td><td></td><td></td><td></td></tr>
<tr><td colspan="2">思政素质考核（10分）</td><td>课堂纪律
学习态度
责任心
安全意识
成本意识
质量意识</td><td></td><td></td><td></td></tr>
<tr><td colspan="7">总分：</td></tr>
<tr><td colspan="7">导师评价：

导师签名：
评价时间：</td></tr>
</table>

（五）总结反馈

学习活动 1：反思与总结

➢ 活动名称：学习反思与总结。

➢ 活动目标：能够在导师和小组长的带领下，完成 PPT 报告总结和视频总结。

➢ 活动时间：建议时长 30 分钟。

➢ 活动方法：自我评价，代表分享，导师评价。

➢ 活动内容：首先小组代表以 PPT 或思维导图总结形式完成课堂分享。然后针对课后作业，要求每位学生在组内以 PPT 报告的形式完成学习经验的分享，并将分享过程录制成视频，在下课前交给导师。

➢ 活动工具：PPT 或思维导图。

➢ 活动评价：提交反思与总结结果、导师反馈意见。

学习记录

学习活动 2：评一评

以学习小组为单位，评出你所在学习小组的最佳作品或成果，以及最佳学习代表。

学习记录

（六）拓展学习

拓展学习 1：岗位学习

请依据已学完的整个工作流程，独立完成精装盒制作任务。拓展学习任务素材可在本书封底链接地址下载。练习过程中有遇到任何问题，可记录在拓展学习记录中，必要时可咨询导师，解决练习过程中的难题。另外，请完成与本任务相关的职业技能等级认定试题题库，以便查缺补漏。

学习记录

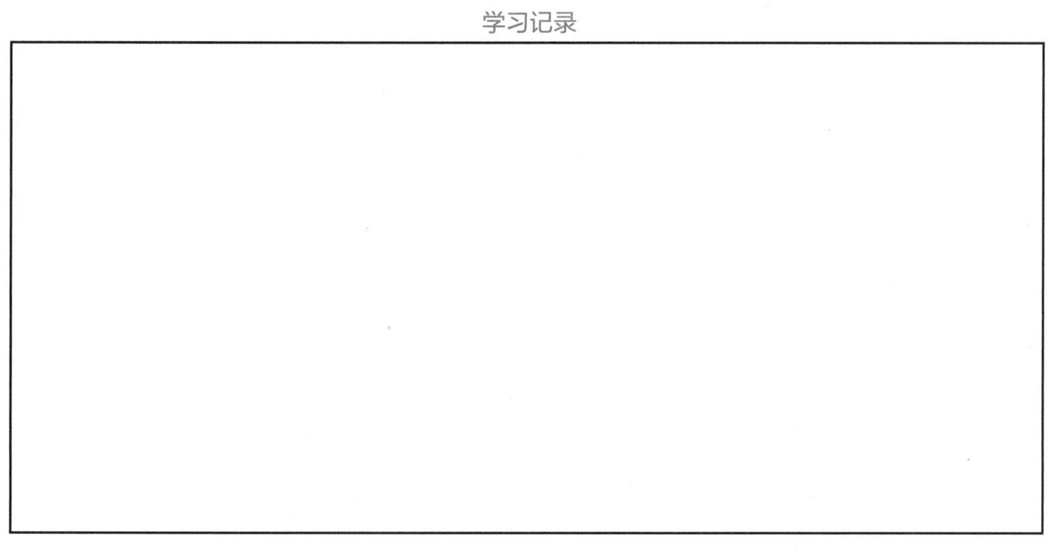

拓展学习 2：赛项竞技

根据本任务所学知识，完成与精品盒制作有关的数字印刷员职业技能认定考核试题，并将得分情况如实记录，同时针对未掌握的知识点、技能点进行总结及回顾。

考核试题

学习记录

得分情况：
班级名次：
错题分析：

模块四 普通数字出版物制作与输出

任务一　数字报纸制作与输出

学习引导

模块四任务一
学习引导

请观看模块四任务一学习引导微课，了解任务一的学习内容、学习目标和学习过程，做好学习准备。

学习过程

学习环节	具体学习内容
任务导入	获取任务相关信息，明确数字报纸制作与输出任务
制定计划	在导师指导下，各小组完成数字报纸制作和输出过程方案，或制定好计划
任务实施	在导师指导下，各小组完成数字报纸制作与输出工作过程，并得到结果
检查评价	依据云展网平台标准，通过自评、互评、导师评价等多元化评价方式，完成数字报纸输出质量检测与评价
总结反馈	学生与导师对学习情况进行总结与反馈
拓展学习	完成与数字报纸制作和输出相关的知识点的自我考核，完成世界知名报纸设计排版架构分析报告

（一）任务导入

1. 学习情景

日前，浙江、上海、江苏、福建等地教育考试院陆续发布艺考改革文件，2024 届美术联考迎来改革。其中速写科目变化最大。

《艺术报》记者对 2024 届美术联考改革内容进行深入调查采访，形成相关报道文稿共 4 篇（图 4-1）。请根据情景主题填写工单内容，并进行相应的审核审批。根据工单要求，公司相应部门将开始制作数字报纸并进行输出。最终打印效果如图 4-2 所示。制作周期为 10 天，期间包括甲方质控部门的审核检测。任务素材可在本书封底链接地址下载。

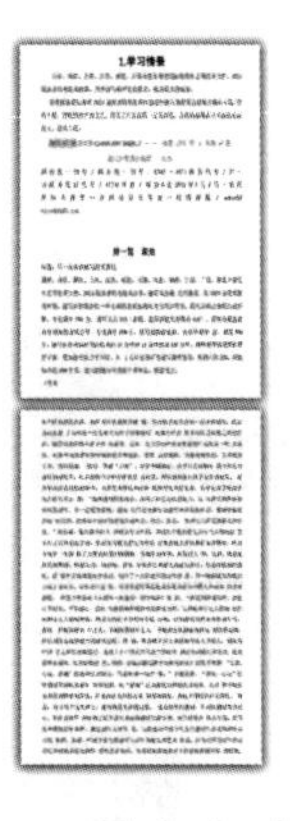

图 4-1 报纸原素材 PDF（电子稿）

02艺闻
中国书画报
相约2020

艺术报
隔离不了的"美"
品味春天

图 4-2 报纸打印稿（纸质稿）

2. 学习目标

通过对数字报纸的制作与输出的学习，要掌握以下学习目标。

目标类型	目标内容
知识目标	通过阅读工单任务，能够理解任务要求，了解数字报纸版面尺寸
	通过对报纸构成元素的分析学习，掌握报纸的设计原则和排版规范
	通过对数字报纸多平台的输出发布，掌握各个数字平台的适配技巧和规范
技能目标	能独立接收数字报纸的制作与输出订单，对文件进行初步编排与发布
	能独立完成数字报纸的排版设计、平台发布
	能独立进行运营推广、数据维护等操作
素质目标	提升数字化素养，提高在数字化环境中运用数字技术获取、理解、评估和创造信息的能力
	培养数字化环境中的思考能力、交流能力、创造能力和解决问题的能力

3. 学习方案

为了完成数字报纸的制作与输出，请阅读学习安排表和任务知识体系表，如有疑问，可咨询导师。

学习安排表

学习主题	学习方式	学习时长	学习资源	学习工具
《艺术报》数字版制作与输出	课堂学习	4 学时	课堂学习资料	1. 图形处理软件 Illustrator、CorelDRAW； 2. 图像处理软件 Photoshop； 3. 数字制作平台秀米
	实训学习	4 学时	任务素材（文本内容、图片和插图、报头报眉、数字交互元素）	
	网络学习	2 周内	自主学习资料、优秀报纸案例、微课视频	

任务知识体系表

学习主题	知识类型	知识点	资源	学习进度
工作过程 1：确定任务，明确职责	核心概念	数字平台、秀米平台优势、秀米平台编辑要求	微课：数字平台介绍	
	工作原则	态度认真，内容质量有保证		
	工作方法和内容	审阅数字报纸客户需求工单，明确部门任务分工	微课：报纸的版面分析	
	工具	1. Word；2. CorelDRAW；3. Photoshop		
工作过程 2：素材整理，排版制作	核心概念	排版、排版三原则、秀米平台	微课：数字报纸排版概述	
	工作原则	评估严谨，创造有据		
	工作方法和内容	学习报纸版面设计常识		
	工具	1.Illustrator；2. CorelDRAW；3.Word；4. Photoshop		
工作过程 3：规范文件，视觉优化	核心概念	报纸尺寸、报纸版面结构、报纸设计要素、视觉引导	微课：报纸版面设计规范及方法	
	工作原则	创新原则、审美原则		
	工作方法和内容	1. 响应式设计与页面制作； 2. 多媒体制作与交互设计	企业案例：世界知名报纸版面赏析 阅读材料：美术设计评价标准	
	工具	1. Illustrator；2. Photoshop；3. CorelDRAW		

续表

学习主题	知识类型	知识点	资源	学习进度
工作过程 4：平台发布，作品上架	核心概念	数字报纸排版、内容制作、多媒体整合、响应式设计和数字安全	微课：数字报纸发布平台 质量检测报告模板	
	工作原则	具备法律意识，遵守平台规范，追求创新，解决核心问题		
	工作方法和内容	1. 数字报纸发布与传播； 2. SVG 交互与数据分析	微课：SVG 交互排版 阅读材料：数字报纸发布前数据检测	
	工具	1.Photoshop；2.CorelDRAW；3. 秀米平台		

4. 学生分组

课前，请同学们根据异质分组原则完成分组，在规定时间内完成组长的选定。学习任务分组模板见下表。同时撰写出各成员的个性特点及专业特长。此分组情况根据后续学习情况会及时更新。

学习任务分组

<table>
<tr><td rowspan="7">班级：</td><td rowspan="7">组别：</td><td>成员姓名</td><td>个性特点</td><td>专业特长</td></tr>
<tr><td></td><td></td><td></td></tr>
<tr><td></td><td></td><td></td></tr>
<tr><td></td><td></td><td></td></tr>
<tr><td></td><td></td><td></td></tr>
<tr><td></td><td></td><td></td></tr>
<tr><td colspan="3">组长：</td></tr>
<tr><td colspan="5">任务分工</td></tr>
<tr><td colspan="5"></td></tr>
</table>

5. 知识获取

根据学习要求，请先自主学习、查询并整理相关概念信息。

关键知识清单：数字平台和工具、数字报纸的设计原则和排版规范、数字排版软件操作技能、不同数字平台的发布技能。

（1）学习目标

目标 1：正确查询或搜集关键知识清单中的概念性知识内容。

目标 2：描述关键知识清单中的概念性知识含义。

（2）学习活动：查一查

以小组为单位，通过网络查询和相关专业书籍查阅，初步理解以上概念性知识。请将查询到的概念填写在下面（若页数不够，请自行添加空白页）。

学习记录

（二）制定计划

为了完成数字报纸的制作与输出，需要制定合理的实施方案。

1. 计划

（1）学习目标

通过对数字报纸的设计制作与发布，熟悉数字平台的应用，了解数字出版物的制作、编辑、发布的流程，并能很好地进行团队合作。

（2）学习活动：做一做

请通过岗位调研或学习引导视频，提出自己的实施计划方案，梳理出主要的工作步骤并填写出来，尝试绘制工作流程图。

学习记录

2. 决策

（1）学习目标

在组长的带领下，能够筛选并确定小组内最佳任务实施方案。

（2）学习活动：选一选

在组长的带领下，经过小组讨论比较，得出 2 个方案。导师审查各小组的实施方案并提出整改意见。各小组进一步优化实施方案，确定最终的工作方案，并将最终实施方案填写出来。

学习记录

（三）任务实施

为完成模块四任务一的数字报纸的制作与输出学习任务，必须进行以下 4 个工作过程学习。

·工作过程 1　确定任务，明确职责·

1. 学习目标

目标类型	学习目标	学习活动	学习方式
知识目标	1. 了解 2 ～ 3 个数字平台操作要求； 2. 能够选择合适的数字报纸平台； 3. 熟悉制作工具及多平台适配技巧和规范	学习活动 1	课堂学习、岗位学习
技能目标	1. 能读懂任务书； 2. 掌握设计原则和排版规范； 3. 掌握数字报纸制作平台的要求	学习活动 2	自主学习、课堂学习
素质目标	通过与小组成员研讨任务书，确立任务分工，提升沟通技巧	学习活动 3	课堂学习、岗位学习

2. 学习活动

模块四任务一工单

数字平台介绍

学习活动 1：查一查

通过阅读务模块四任务一工单，查一查“数字平台介绍”里所用到的素材、版面开本、软件及发布平台的相关规范，同时记录查阅过程中的疑问。

学习记录

学习活动 2：做一做

报纸版面分析

通过学习报纸版面分析，将数字报纸设计工作中的设计定位、风格策划记录下来。需重点关注版面布局、标题字体、字号、行距、段落间距、图文搭配等内容。

学习记录

学习活动 3：想一想

在制作过程中，你负责排版工作，要对编辑好的内容和处理好的图片进行编排。但负责编辑内容的同学逻辑混乱，将下载的海量素材随便堆积在一起，负责处理图片的同学忽略了提供图片来源及作者等细节问题。而这个任务又比较着急，你该如何沟通？有何沟通技巧可以使用？将你的沟通技巧记录下来。

学习记录

3. 课后练习

学习活动：做一做

根据本书提供的课后学习素材（请在本书封底链接地址下载），独立完成“确定任务，明确职责”练习任务。请将岗位练习成果或总结整理汇总，放置在活页教材中，并在下次辅导时提交给导师。如遇到疑问或挑战，要及时通过“工匠讲堂”线上平台咨询导师。

学习记录

· 工作过程 2　素材整理，排版制作 ·

1. 学习目标

目标类型	学习目标	学习活动	学习方式
知识目标	1. 掌握图片、视频和音频等多媒体素材处理技巧； 2. 理解响应式设计原则，确保数字报纸在不同设备上都能自适应展示，以提供更好的用户体验； 3. 熟悉各类报纸的版面布局以及视觉要求	学习活动 1	课堂学习、岗位学习
技能目标	1. 能准确找到客户提供的文件中的问题； 2. 能有效编辑修改问题； 3. 能考虑存储修改过程中各版本文档的兼容问题	学习活动 2	课堂学习、岗位学习

2. 学习活动

数字报纸排版概述

学习活动 1：说一说

通过扫码学习“数字报纸排版概述”，向组内其他同学说一说学习数字报纸的意义，分享学习数字报纸的方法步骤，并将过程记录下来。

学习记录

学习活动 2：做一做

对在学习情景中下载的客户文件进行审核，自行快速检查文件是否存在缺字体、缺链接图、图片清晰度不够，以及图片来源、作者信息不准确等问题。若无问题，请将文件交给排版团队进行处理。若有问题，将问题记录下来。

学习记录

3. 课后练习

学习活动：做一做

根据本书提供的课后学习素材（请在本书封底链接地址下载），独立完成“素材整理，排版制作”练习任务。请将岗位练习成果或总结整理汇总，放置在活页教材中，并在下次辅导时提交给导师。如遇到疑问或挑战，要及时通过“工匠讲堂”线上平台咨询导师。

学习记录

·工作过程 3　规范文件，视觉优化·

1. 学习目标

目标类型	学习目标	学习活动	学习方式
技能目标	1. 能熟练完成报头、报眼、报眉、中缝线、地线等固定版面的设计； 2. 能完成数字报纸排版布局设计	学习活动 1、2	课堂学习、岗位学习
	3. 独立完成数字报纸发布前的最终检查； 4. 小组协作完成整个报纸的排版、修正、成品上传	学习活动 3、4	岗位学习
素质目标	1. 在岗位学习和作品制作打磨中，具备数字赋能意识； 2. 在设计环节，具备创新创意能力	学习活动 5	岗位学习

2. 学习活动

学习活动 1：做一做

扫码了解数字报纸制作指导书要求，并学习报纸版面设计规范及方法。在规定时间内，完成版面大小设置，报头、报眼、报眉、中缝线、地线等固定版面的设计，并绘制报纸版式简图。

数字报纸制作指导书

报纸版面设计规范及方法

学习记录

学习活动 2：做一做

世界知名报纸版面赏析

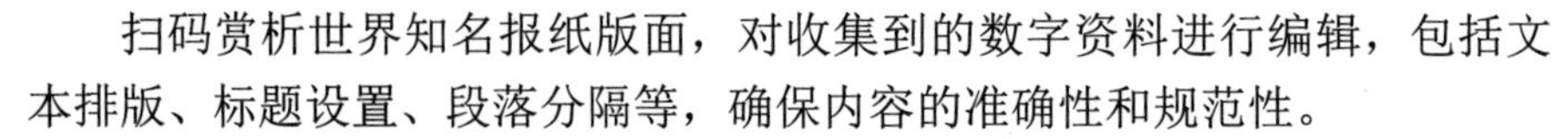
扫码赏析世界知名报纸版面，对收集到的数字资料进行编辑，包括文本排版、标题设置、段落分隔等，确保内容的准确性和规范性。

学习记录

学习活动 3：评一评

《艺术报》设计评价标准

数字报纸设计方法

- 活动名称：数字报纸设计练习。
- 活动目标：能够正确分析文件中出现的问题。
- 活动时间：建议时长 60～90 分钟。
- 活动内容：扫码学习《艺术报》设计评价标准和数字报纸设计方法，对学习活动 1 中完成的排版文件进行小组互评。通过投票统计出现频率高的问题。对这些问题进行分析、修改，并记录在下面。
- 活动工具：投票统计工具。

学习记录

学习活动 4：做一做

小组讨论：数字报纸在上传平台之前需要检查或者核对哪些事项？针对这些事项进行上传文件校对。如果有错，请标识出，然后在电子文件中修改。

学习记录

学习活动 5：想一想

上传文件预览无误后，就可正式发布了，此时小明发现此版图片清晰度不够，有点小瑕疵，但不影响整体观感。小明认为，这种小瑕疵可以忽略。请问这种做法对吗？如果是你，你应该怎么做？请把你的做法写在下面。

学习记录

3. 课后练习

学习活动：做一做

根据企业提供的课后学习素材（请在本书封底链接地址下载），独立完成“规范文件，视觉优化”练习任务。在操作过程中，如有疑问，要进入“工匠讲堂”及时与导师进行沟通完善。

学习记录

· 工作过程 4　平台发布，作品上架 ·

1. 学习目标

目标类型	学习目标	学习活动	学习方式
知识目标	1. 了解数字媒体平台； 2. 掌握数字传播策略； 3. 知晓用户互动原则	学习活动 1	自主学习、课堂学习
技能目标	1. SVG 交互与发布推广； 2. 设计媒体管理； 3. 数据分析与反馈	学习活动 2、3	自主学习
素质目标	1. 培养沟通协作的团队意识； 2. 培养创新思维和在数字环境下解决问题的能力	学习活动 4	岗位学习

2. 学习活动

数字报纸发布平台

学习活动 1：测一测

扫码学习数字报纸发布平台相关知识。小组成员之间以互相提问的方式，对不同数字平台（如云展网、秀米）的特点、发布方式、运营方式等进行区别和分析。将知识点中未能掌握的内容记录下来，以便进行查缺补漏，逐步掌握。

学习记录

数字报纸发布前数据检测表

学习活动 2：做一做

请各组同学依据“数字报纸发布前数据检测表”，对所完成的《艺术报》进行质量检测，给出质量检测报告及修改建议。

学习记录

学习活动 3：议一议

质量检测报告

各小组完成审查和校对后，查看检测报告，上传平台。配置元数据，有效地分享到社交媒体，吸引用户点击和阅读。配置人员跟踪互动，管理粉丝。对用户反馈有待改进的地方进行记录，并提出改进计划。

学习记录

学习活动 4：说一说

SVG 交互排版

通过这段时间的学习，请说一说数字报纸的制作发布及平台维护过程中，SVG 交互排版的原理是什么，以及如何有效地学习 SVG 交互排版。

学习记录

3. 课后练习

学习活动：做一做

根据企业提供的学习素材（请在本书封底链接地址下载），独立完成“平台发布，作品上架”练习任务。在操作过程中，如有疑问，要进入“工匠讲堂”及时与导师进行沟通完善。

学习记录

（四）检查评价

学习活动 1：评一评

- ➢ 活动名称：学习质量评价。
- ➢ 活动目标：能够正确使用学习评价表，完成学习质量评价。
- ➢ 活动时间：建议时长 10～15 分钟。
- ➢ 活动方法：自我评价，小组评价，导师评价。
- ➢ 活动内容：根据学习过程数据记录，进行自我评价、小组评价和导师评价。
- ➢ 活动工具：学习评价表。
- ➢ 活动评价：提交评价结果、导师反馈意见。

学习记录

学习活动 2：评一评

先根据评分表梳理整个操作环节，进行自我评价，然后将交给组长进行组内评价，最后由导师进行评价。

学习检查与评价

班级： 任务名称： 组别：

<table>
<tr><th colspan="3">工作任务</th><th>评价内容</th><th>自评</th><th>组内互评</th><th>导师评价</th></tr>
<tr><td colspan="3" rowspan="5">任务导入（15 分）</td><td>查找与任务有关的资料</td><td></td><td></td><td></td></tr>
<tr><td>主动咨询</td><td></td><td></td><td></td></tr>
<tr><td>认真学习与任务有关的知识技能</td><td></td><td></td><td></td></tr>
<tr><td>团队积极研讨</td><td></td><td></td><td></td></tr>
<tr><td>团队合作</td><td></td><td></td><td></td></tr>
<tr><td colspan="3" rowspan="2">制定计划（15 分）</td><td>1. 完成计划方案（10 分）
计划内容详细
格式标准
思路清晰
团队合作</td><td></td><td></td><td></td></tr>
<tr><td>2. 分析方案可行性（5 分）
方案合理
分工合理
任务清晰
时间安排合理</td><td></td><td></td><td></td></tr>
<tr><td rowspan="6">任务实施（共 70 分）</td><td rowspan="6">技能评价（50 分）</td><td rowspan="3">工作过程 1：确定任务，明确职责</td><td>能否正确对接排版员</td><td></td><td></td><td></td></tr>
<tr><td>能否正确分析任务</td><td></td><td></td><td></td></tr>
<tr><td>能否明确任务</td><td></td><td></td><td></td></tr>
<tr><td rowspan="3">工作过程 2：素材整理，排版制作</td><td>处理图片技能是否娴熟</td><td></td><td></td><td></td></tr>
<tr><td>是否熟悉视频、音频等多媒体素材的裁剪、尺寸调整、质量优化等</td><td></td><td></td><td></td></tr>
<tr><td>是否了解响应式设计原则</td><td></td><td></td><td></td></tr>
</table>

续表

<table>
<tr><th colspan="3">工作任务</th><th>评价内容</th><th>自评</th><th>组内互评</th><th>导师评价</th></tr>
<tr><td rowspan="9">任务实施（共70分）</td><td rowspan="7">技能评价（50分）</td><td rowspan="4">工作过程3：规范文件，视觉优化</td><td>内容和版面是否有错误</td><td></td><td></td><td></td></tr>
<tr><td>版面排版布局是否有瑕疵</td><td></td><td></td><td></td></tr>
<tr><td>设计作品与作业指导书要求一致</td><td></td><td></td><td></td></tr>
<tr><td>能否及时完成反馈与改进</td><td></td><td></td><td></td></tr>
<tr><td rowspan="3">工作过程4：平台发布，作品上架</td><td>能否对敏感词进行检测</td><td></td><td></td><td></td></tr>
<tr><td>能否对版权进行检查</td><td></td><td></td><td></td></tr>
<tr><td>能否对上传格式进行检测</td><td></td><td></td><td></td></tr>
<tr><td colspan="2">方法与能力评价（10分）</td><td>分析解决问题能力
组织能力
沟通能力
统筹能力
团队协作能力</td><td></td><td></td><td></td></tr>
<tr><td colspan="2">思政素质考核（10分）</td><td>课堂纪律
学习态度
责任心
安全意识
成本意识
质量意识</td><td></td><td></td><td></td></tr>
<tr><td colspan="7">总分：</td></tr>
<tr><td colspan="7">导师评价：

导师签名：
评价时间：</td></tr>
</table>

（五）总结反馈

学习活动：反思与总结

➢ 活动名称：学习反思与总结。

➢ 活动目标：能够在导师和小组长的带领下，完成 PPT 报告总结和视频总结。

➢ 活动时间：建议时长 30 分钟。

➢ 活动方法：自我评价，代表分享，导师评价。

➢ 活动内容：首先请小组代表以 PPT 或思维导图总结形式完成课堂分享。然后针对课后作业，要求每位学生在组内以 PPT 报告的形式完成学习经验的分享，并将分享过程录制成视频，在下课前交给导师。

➢ 活动工具：PPT 或思维导图。

➢ 活动评价：提交反思与总结结果、导师反馈意见。

学习记录

（六）拓展学习

数字报纸制作
拓展学习素材

请依据数字报纸制作与发布工作流程，独立完成企业提供的数字报纸的制作。练习过程中如遇到任何问题，可记录在下面。必要时可咨询导师，解决练习过程中的难题。

学习记录

任务二　电子图书制作与输出

学习引导

模块四任务二学习引导

请观看模块四任务二学习引导微课，了解任务二的学习内容、学习目标和学习过程，做好学习准备。

学习过程

学习环节	具体学习内容
任务导入	获取任务相关信息，明确电子图书制作与输出任务
制定计划	在导师指导下，各小组完成电子图书的制作与输出过程方案，或制定好计划
任务实施	在导师指导下，各小组完成电子图书制作与输出工作过程，并得到结果
检查评价	依据电子图书制作输出标准，通过自评、互评和导师评价等多元化评价方式，完成电子图书质量检测与评价
总结反馈	学生与导师对学习情况进行总结与反馈
拓展学习	完成电子图书制作与输出相关知识点的自我考核，以及职业技能等级认定题库的练习

（一）任务导入

1. 学习情景

随着我国民族文化的崛起，古籍善本作为重要的文化遗产，正迎来新的传承高潮。在这一背景下，古籍善本的阅读与查询成为一股热潮。为了满足广大读者的需求，××图书馆决定就馆藏的珍贵古籍《儒家文献资料汇编》，委托××公司进行电子图书制作，力求在保持古籍原版风格的基础上，融入现代创新元素，为读者呈现一份更加精致与卓越的文献珍品。任务素材可在本书封底链接地址下载。

订单数量1本。制作周期15天，期间涵盖上传与反馈修改的环节。要求确保每一个细节都精雕细琢，达到完美的呈现效果。

在精心筹划的过程中，应追求两个目标的完美交融：一方面，坚守古籍的原汁原味，呈现出历史的厚重与悠久；另一方面，秉承现代创新，为读者创造出一场全新的文献体验。以此为读者带来一次艺术之美与文化传承的深入对话，让这份珍贵的遗产在数字时代焕发新的光芒。

电子图书制作任务素材可扫码获取。《儒家文献资料汇编》电子书原素材见图 4-3。电子书成品见图 4-4。

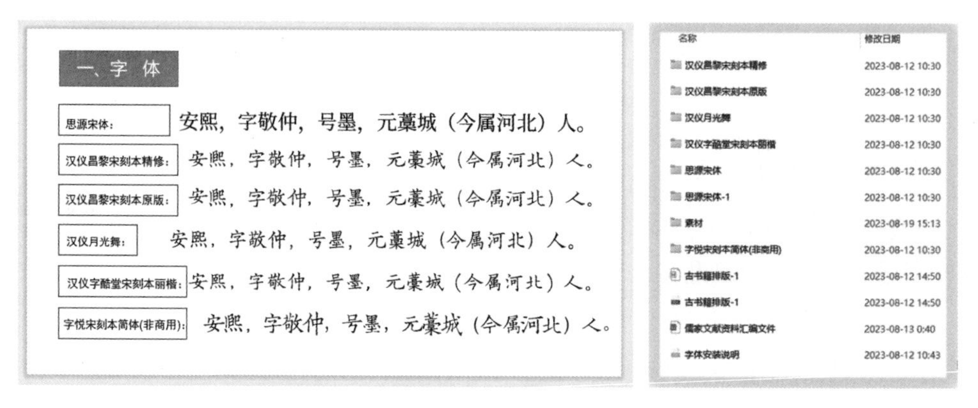

图 4-3 电子书原素材 PDF（电子稿）

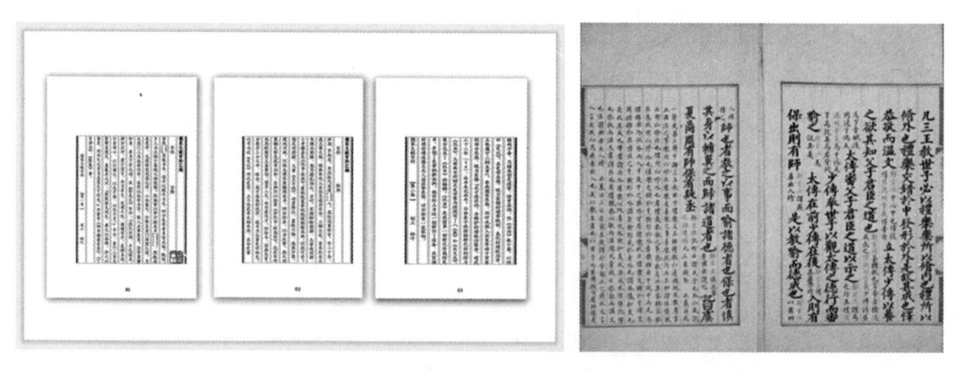

图 4-4 电子书成品（纸质稿）

2. 学习目标

通过对电子图书制作与输出的学习，要掌握以下学习目标。

目标类型	目标内容
知识目标	通过阅读和分析项目任务，能够正确理解设计任务的内容、构成要素
	通过对版面设计的分析，能够正确理解页面布局、字体选择、配色及其可读性和美观性等
	通过对电子书的制作与发布，理解音频、视频、动画等交互元素的应用方式
技能目标	能独立完成电子图书的制作发布等
	能制定针对任务要求的成品规格，推算电子图书开本
	能够完成添加交互式元素如超链接、按钮、表单等设计操作
	能根据平台要求、国家标准对电子图书进行质量检测
素质目标	数字赋能，利用数字工具获取资料，培养创造性思维
	文化传承和跨学科合作意识的培养

3. 学习方案

为了完成电子图书的制作与输出，请同学们阅读学习安排表和任务知识体系表。如有疑问，请咨询导师。

学习安排表

学习主题	学习方式	学习时长	学习资源	学习工具
制作古籍电子书《儒家文献资料汇编》	课堂学习	2 学时	课堂学习资料	1. Word； 2. Photoshop； 3. Illustrator； 4. CorelDRAW； 5. 数字制作平台云展网
	实训学习	2 学时	任务素材（相关字体、文稿内容、古籍封面封底设计参考）	
	网络学习	1 周内	自主准备的资料、收集的古书籍、微课视频	

任务知识体系表

学习主题	知识类型	知识点	资源	学习进度
工作过程 1：确定任务，明确职责	核心概念	电子图书制作平台和工具，古籍的设计原则	阅读材料：古籍图书及网站简介 微课：古籍赏析	
	工作原则	态度认真，具有创造性思维		
	工作方法和内容	定义图书主题与目标读者群，制定图书内容大纲与结构	微课：古籍排版概述	
	工具	1. Word；2. CorelDRAW；3. Photoshop；4. 邮件；5. 网盘		
工作过程 2：素材整理，排版制作	核心概念	古籍内容编辑与创作	微课：古籍电子书的制作	
	工作原则	审美原则、高效沟通原则		
	工作方法和内容	撰写、整理和编辑文本内容，插入引文、图表、数据等辅助素材	素材：《昌黎先生集》孤本图片	
	工具	1. Word；2. Illustrator；3. Photoshop		
工作过程 3：规范文件，视觉优化	核心概念	视觉设计与排版优化策略	微课：古籍的封面封底设计	
	工作原则	三审三校，确保质量	阅读材料：古籍电子书设计评价标准	
	工作方法和内容	在页面排版的过程中，选择合适的图片、插图、图标等视觉元素，并按排版设计规范进行页面布局优化、字体选择等	微课：古籍善本装帧赏析	
	工具	1. Word；2. Illustrator；3. CorelDRAW；4. Photoshop		

续表

学习主题	知识类型	知识点	资源	学习进度
工作过程4：平台发布，作品上架	核心概念	平台上传与发布运营	微课：云展网电子书模块介绍	
	工作原则	法律意识、传承意识、合作原则		
	工作方法和内容	将设计转化为响应式网页或电子书格式 上线发布至数字平台并进行测试	阅读材料：电子图书发布前数据检测表 评价分析报告模板	
	工具	1. Word；2. Illustrator；3. CorelDRAW；4. Photoshop、云展网		

4. 学生分组

课前，请同学们根据异质分组原则完成分组，在规定时间内完成小组长的选定。学习任务分组模板见下表。同时撰写出各成员的个性特点及专业特长。此分组情况根据后续学习情况会及时更新。

学习任务分组

班级：	组别：	成员姓名	个性特点	专业特长
		组长：		
任务分工				

5. 知识获取

根据学习要求，请先自主学习、查询并整理相关概念信息。

关键知识清单：数字平台和工具、古籍设计原则和排版规范、排版软件操作技能、不同平台的发布技能。

（1）学习目标

目标 1：正确查询或搜集关键知识清单中的概念性知识内容。

目标 2：描述关键知识清单中的概念性知识含义。

古籍网站及参考

（2）学习活动

学习活动 1：查一查

以小组为单位，先学习“古籍网站及参考”资料，然后通过网络查询《古逸丛书》和《昌黎先生集》，初步将以上两部作品内容和装帧风格简单总结。另外请查询古籍概念性知识并填写在学习记录里（若页数不够，请自行添加空白页）。

学习记录

学习活动 2：说一说

以小组为单位，在组长的带领下，请每位同学用自己的语言品评《古逸丛书》和《昌黎先生集》两本古籍的装帧风格，并以图表形式写下来。

学习记录

（二）制定计划

为了完成古籍电子书的制作与发布，需要制定合理的实施方案。

1. 计划

（1）学习目标

通过对古籍电子书的制作与发布，掌握数字平台的应用，了解数字出版物的制作、编辑、发布、反馈、维护的流程，能够很好地开展团队合作。

（2）学习活动：做一做

请通过岗位调研或学习引导视频，提出自己的实施计划方案，梳理出主要的工作步骤并填写出来，尝试绘制工作流程图。

学习记录

2. 决策

（1）学习目标

在组长的带领下，能够选择并确定小组内最佳任务实施方案。

（2）学习活动

学习活动：选一选

在组长的带领下，经过小组讨论比较，得出 2 个方案。导师审查每个小组的实施方案并提出整改意见。各小组进一步优化实施方案，确定最终的工作方案，并将最终实施方案填写出来。

学习记录

（三）任务实施

为完成模块四任务二的产品制作与输出学习任务，必须进行以下 4 个工作过程学习。

· 工作过程 1　确定任务，明确职责 ·

1. 学习目标

目标类型	学习目标	学习活动	学习方式
知识目标	通过对“古籍赏析”微课的学习，能够读懂任务书，熟悉古籍排版特点，掌握电子图书的发布平台	学习活动 1	课堂学习、岗位学习
技能目标	1. 通过微课“古籍排版概述”了解 2 ～ 3 个电子图书的发布平台，并了解各个平台的优劣； 2. 能够正确选择适合的电子书制作平台，熟悉制作工具以及多平台适配技巧和规范	学习活动 2	自主学习、课堂学习
素质目标	完成数字资源的获取，具备数字化检索的能力	学习活动 3	课堂学习、岗位学习

2. 学习活动

学习活动 1：找一找

古籍赏析

扫码赏析古籍，找一找“古籍电子书制作”所用到的素材、版面开本、软件及发布平台。同时，记录一下查阅过程中的疑问。

学习记录

学习活动 2：做一做

扫码学习古籍排版知识，记录古籍的设计风格、字体特点、排版技巧。需重点关注古籍字体和排版技巧等内容。

古籍排版概述

学习记录

学习活动 3：做一做

主题：为《三国志·魏书·武帝纪第一》配以适当插图，使古籍图文并茂，并能与原版原貌相融，保持原版风采。

1. 下载宋刻本陈寿撰、裴松之注、宣纸线装本《三国志·魏书·武帝纪第一》首篇文章以及原版图片素材。

2. 自行绘制或查找、下载与之相匹配的插图作品，将构图、形式、情感表达与本篇文字内容相配的作品应用于文章中。

3. 尝试用不同字体和排版风格进行创作实践。同时，与原版设计进行对比分析，辨别每一版美感上的优劣，并针对作品进行讨论，不断调整和改进设计，以优化作品。分析被筛选掉的作品不符合要求的原因是什么。

学习记录

3. 课后练习

学习活动：做一做

根据企业安排和提供的学习素材（请在本书封底链接地址下载），独立完成“确定任务，明确职责”练习任务。请将岗位练习成果或总结整理汇总，放置在活页教材中，并在下次辅导时提交给导师。如遇到疑问或挑战，要及时通过“工匠讲堂”线上平台咨询导师。

学习记录

· 工作过程 2　素材整理，排版制作 ·

1. 学习目标

目标类型	学习目标	学习活动	学习方式
知识目标	1. 了解古籍文本的典型结构，掌握章节分隔、段落划分等的基本原则； 2. 理解古籍电子书排版的基本原则	学习活动 1	课堂学习、岗位学习
技能目标	1. 能够准确找到文本文件中的问题； 2. 能够有效编辑修改问题； 3. 能够设计并创建目录，设置超链接，实现方便的章节跳转和导航	学习活动 2	课堂学习、岗位学习

2. 学习活动

学习活动 1：说一说

古籍电子书的制作

通过扫描“古籍电子书的制作”二维码，向组内其他同学说一说你所知道的古籍文本的典型结构，以及章节分隔、段落划分等的基本原则，并将过程记录下来。

学习记录

学习活动 2：做一做

对在学习情景中下载的客户文件进行审核，自行快速检查文件是否有缺字体、缺链接图、图片清晰度不够等问题。若无问题，请将文件交给排版团队进行处理。若有问题，请将问题记录下来。

学习记录

3. 课后练习

学习活动：做一做

根据导师提供的学习素材（请在本书封底链接地址下载），对《昌黎先生集》孤本独立完成页面排版分析，字体结构与特点分析，并下载与之相近的字库字体，利用软件模块化设计布局任务。请将练习成果或总结整理汇总，放置在活页教材中，并在下次辅导时提交给导师。如遇到疑问或挑战，要及时通过“工匠讲堂”线上平台咨询导师。

学习记录

· 工作过程 3　规范文件，视觉优化 ·

1. 学习目标

目标类型	学习目标	学习活动	学习方式
技能目标	1. 能够根据古籍的主题和内涵设计封面和封底，使其与古籍内容相契合； 2. 熟练完成图像编辑、图片处理，选择合适的字体、字号、行距等，使文字信息整体清晰易读	学习活动 1、2	课堂学习、岗位学习
	3. 古籍电子图书制作过程符合规范； 4. 古籍电子图书上传平台过程符合规范	学习活动 3、4	岗位学习
素质目标	具备良好的沟通合作能力和艺术表现能力	学习活动 5	岗位学习

2. 学习活动

学习活动 1：做一做

古籍的封面封底设计

扫码学习“古籍的封面封底设计”，根据古籍内容在规定的时间内设计古籍封面封底，并记录操作时间，评出“最快设计能手”。

学习记录

学习活动 2：做一做

古籍善本装帧赏析

扫码赏析古籍善本装帧，对收集到的古籍资料进行编辑，包括文字、图片、字号、字距、行距、古文标点符号使用等，确保内容准确清晰、视觉美观。

学习记录

学习活动 3：比一比

➢ 活动名称：书籍版面设计质量评价与分析。

➢ 活动目标：能够正确分析评价排版质量问题。

➢ 活动时间：建议时长 15～20 分钟。

古籍电子书设计评价标准

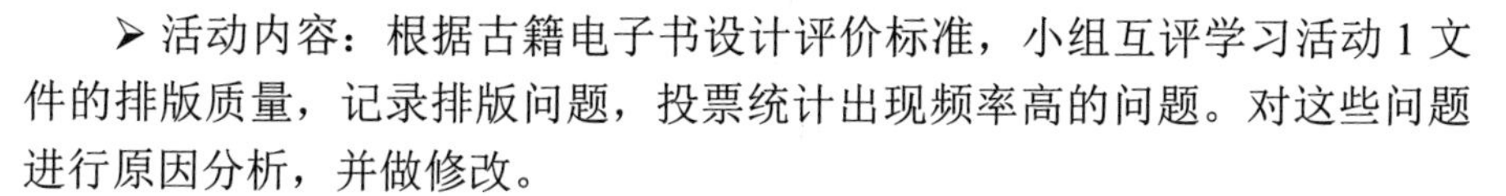

➢ 活动内容：根据古籍电子书设计评价标准，小组互评学习活动 1 文件的排版质量，记录排版问题，投票统计出现频率高的问题。对这些问题进行原因分析，并做修改。

➢ 活动工具：投票统计工具。

学习记录

学习活动 4：做一做

各小组分工完成古籍电子图书封面封底设计，书籍内页排版，以及插图编排。请在下面填写分工及任务信息，以便在后期上传检测过程中，针对个人分工任务进行对应评价。分工信息可用表格或者思维导图绘制。

学习记录

学习活动 5：想一想

在平台上传预览无误后，就可正式发布古籍电子书了，这时组长小红发现古籍版面设计太现代，缺乏古版印刷的视觉效果，底纹改用仿古宣纸会对整本书的视觉效果有很大的提升。但小明认为这种审美视觉效果可以忽略，没必要继续修改，毕竟都已经忙碌一天了。请问以上做法对吗？如果是你，你该怎么做？并把你的做法写在下面。

学习记录

3. 课后练习

学习活动：做一做

请根据企业提供的学习素材，独立熟练完成古籍电子书设计中的“规范文件，视觉优化”练习任务。在操作过程中，如有疑问，要进入“工匠讲堂”及时与导师进行沟通完善。

学习记录

· 工作过程 4　平台发布，作品上架 ·

1. 学习目标

目标类型	学习目标	学习活动	学习方式
知识目标	1. 熟悉云展网平台的上传、展示、交互等功能； 2. 熟悉云展网平台的工作流程以及版权和法律知识	学习活动 1	自主学习、课堂学习
技能目标	1. 能在规定的时间内，熟练完成电子图书上传前的质量检测	学习活动 2	岗位学习
	2. 能够熟练添加交互元素，增加互动体验	学习活动 3	岗位学习
素质目标	在岗位学习中，培养文化传承和跨学科合作意识	学习活动 4	岗位学习

2. 学习活动

学习活动 1：测一测

扫码了解云展网电子书模块，各组将设计好的古籍电子书上传到云展网平台。各组针对上传过程中涉及的相关知识点，如平台上传的规范及展示性、交互性等相互提问，巩固新知，并将知识点中未能掌握的内容记录下来，以便进行查缺补漏，逐步掌握。

云展网电子书模块介绍

学习记录

学习活动 2：做一做

扫码学习电子图书发布前数据检测内容。请各组同学对小组合作完成的古籍电子书进行审查和校对，确保内容和版面没有错误和瑕疵，并写出修改意见。

电子图书发布前数据检测表

学习记录

学习活动 3：议一议

各小组完成审查和校对后，将电子图书上传至数字平台，并对图书在线访问性能、元素交互性能、用户体验等内容进行评价。对无法访问或访问卡顿，交互不理想的，或无法交互的链接做记录，分析原因，并提出改进计划，最终得出评价分析报告。

评价分析报告模板

学习记录

学习活动 4：说一说

通过这段时间的学习，我们不难发现数字化文化传承思路至关重要，每个学科的发展都可以借助数字化手段和平台进行高效、有效宣传。请说一说今后打算以什么方式和思路来养成数字化思维和跨学科学习意识。

学习记录

3. 课后练习

学习活动：做一做

请根据导师提供的学习素材（请在本书封底链接地址下载），独立完成电子图书制作的“平台发布，作品上架”任务。在操作过程中，如有疑问，要进入“工匠讲堂”及时与导师进行沟通完善。

学习记录

（四）检查评价

学习活动 1：评一评

- 活动名称：学习质量评价。
- 活动目标：能够正确使用学习评价表，完成学习质量评价。
- 活动时间：建议时长 10～15 分钟。
- 活动方法：自我评价、小组评价、导师评价。
- 活动内容：根据学习过程数据记录，进行自我评价、小组评价和导师评价。
- 活动工具：学习评价表。
- 活动评价：提交评价结果、导师反馈意见。

学习记录

学习活动 2：评一评

先根据评分表梳理整个操作环节，并进行自我评价，然后将表交给组长进行组内评价，最后由导师进行评价。

学习检查与评价

班级： 任务名称： 组别：

学习环节	评价内容	自评	组内互评	导师评价
任务导入（15 分）	查找与任务有关的资料			
	主动咨询			
	认真学习与任务有关的知识技能			
	团队积极研讨			
	团队合作			
制定计划（15 分）	1. 完成计划方案（10 分） 计划内容详尽 格式标准 思路清晰 团队合作			
	2. 分析方案可行性（5 分） 方案合理 分工合理 任务清晰 时间安排合理			

续表

<table>
<tr><th colspan="3">学习环节</th><th>评价内容</th><th>自评</th><th>组内互评</th><th>导师评价</th></tr>
<tr><td rowspan="15">任务实施（共70分）</td><td rowspan="13">技能评价（50分）</td><td rowspan="3">工作过程1：确定任务，明确职责</td><td>能否正确对接排版员</td><td></td><td></td><td></td></tr>
<tr><td>能否正确分析任务</td><td></td><td></td><td></td></tr>
<tr><td>能否明确任务</td><td></td><td></td><td></td></tr>
<tr><td rowspan="3">工作过程2：素材整理，排版制作</td><td>处理图片技能是否娴熟</td><td></td><td></td><td></td></tr>
<tr><td>是否熟悉视频、音频等多媒体素材的裁剪、尺寸调整、质量优化等</td><td></td><td></td><td></td></tr>
<tr><td>是否了解响应式设计原则</td><td></td><td></td><td></td></tr>
<tr><td rowspan="4">工作过程3：规范文件，视觉优化</td><td>内容和版面是否有错误</td><td></td><td></td><td></td></tr>
<tr><td>版面排版布局是否有瑕疵</td><td></td><td></td><td></td></tr>
<tr><td>设计作品与作业指导书要求一致</td><td></td><td></td><td></td></tr>
<tr><td>能否及时完成反馈与改进</td><td></td><td></td><td></td></tr>
<tr><td rowspan="3">工作过程4：平台发布，作品上架</td><td>能否对敏感词进行检测</td><td></td><td></td><td></td></tr>
<tr><td>能否对版权进行检测</td><td></td><td></td><td></td></tr>
<tr><td>能否对上传格式进行检测</td><td></td><td></td><td></td></tr>
<tr><td colspan="2">方法与能力评价（10分）</td><td>分析解决问题能力
组织能力
沟通能力
统筹能力
团队协作能力</td><td></td><td></td><td></td></tr>
<tr><td colspan="2">思政素质考核（10分）</td><td>课堂纪律
学习态度
责任心
安全意识
成本意识
质量意识</td><td></td><td></td><td></td></tr>
</table>

总分：

导师评价：

导师签名：

评价时间：

（五）总结反馈

学习活动：反思与总结

➢ 活动名称：学习反思与总结。

➢ 活动目标：能够在导师和小组长的带领下，完成 PPT 报告总结和视频总结。

➢ 活动时间：建议时长 30 分钟。

➢ 活动方法：自我评价，代表分享，导师评价。

➢ 活动内容：首先请小组代表以 PPT 或思维导图总结形式完成课堂分享。然后针对课后作业，要求每位学生在组内以 PPT 报告的形式完成学习经验的分享，并将分享过程录制成视频，在下课前交给导师。

➢ 活动工具：PPT 或思维导图。

➢ 活动评价：提交反思与总结结果、导师反馈意见。

（六）拓展学习

扫码下载企业提供的拓展学习任务素材。并根据课堂所学，独立完成古籍电子书的制作。练习过程中如遇到任何问题，可记录在学习记录中，必要时请咨询导师，及时解决练习过程中的难题。

拓展学习任务素材

学习记录

模块五
交互类数字出版物制作与输出

学习引导

请观看模块五学习引导视频，了解学习内容、学习目标和学习过程，做好学习准备。

模块五学习引导

学习过程

学习环节	具体学习内容	备注
任务导入	获取任务相关信息，明确交互式动画电子书的制作与输出任务	
制定计划	在导师指导下，各小组完成交互式动画制作与输出过程方案，制定好计划	
任务实施	在导师指导下，各小组完成交互式动画的制作与输出工作过程，并得到结果	
检查评价	依据《交互式动画影像技术规范》DB 22T 3048—2019，通过自评、互评和导师评价等多元化评价方式，完成交互式动画质量检测与评价	
总结反馈	学生与导师对学习情况进行总结与反馈	
拓展学习	完成交互式动画制作与输出相关知识点的自我考核，练习融媒体内容策划与制作赛项试题	

（一）任务导入

1. 学习情景

在文化强国的号召下，更多的传统文化被发掘，如敦煌文化等成为近年来的热点文化 IP。同样拥有悠久历史与艺术价值的川剧，作为非物质文化遗产，在中国戏曲史及巴蜀文化史上占据十分独特的地位，它的文化底蕴和艺术美学有待进一步发掘。

某川剧传习基地为进一步宣传基地非遗文化，适应传播媒介移动化、社交化、可视化趋势，将运用全媒体方式、大众化语言、艺术化形式制作 H5 交互性产品，加大音视频内容供给，增强正面宣传表现力和感染力，形成新的增长点和竞争力。H5 制作任务素材可在本书封底链接地址下载。案例展示如图 5-1 所示。

本任务要求以“赓续传统文脉，绽放青春华彩”为主题，使用相关软件制作 H5 交互式电子书。制作周期为 10 天，期间包括动画场景设计、素材收集、稿件制作、稿件修改等环节。

图 5-1 H5 交互动画作品案例

2. 学习目标

通过对交互式动画制作与输出的学习，达到以下学习目标。

目标类型	目标内容
知识目标	通过资料阅读和视频学习，能够正确理解交互类电子书
	通过分析案例，能够掌握交互动画的制作内容、构成元素
	通过动画制作，能够掌握不同的交互方式

续表

目标类型	目标内容
技能目标	能根据任务要求设计交互式动画的制作方案
	能根据主题要求完成场景设计、交互设计
	能用 Mugeda（木疙瘩）完成交互电子书的制作
	熟悉常见的交互类电子书运营方式，并掌握 1 ～ 2 个交互类电子书的制作与输出运用平台
素质目标	交互式动画制作工艺复杂，参数要求和作品呈现之间存在一定的矛盾性，通过动画制作提升技能，尽可能实现作品创新性、标准化、高质量的统一
	交互式动画作品呈现效果评判具有一定的主观性，动画制作人员需要具备较强的团队协作、沟通表达能力，准确洞察用户需求和行业前景
	通过任务主题学习和作品运营，弘扬中华文化、时代精神

3. 学习方案

为了完成交互式动画电子书制作与输出产品案例，请同学们阅读学习安排表和任务知识体系表。如有疑问，请咨询导师。

学习安排表

学习主题	学习方式	学习时长	学习资源	学习工具
交互式动画电子书的制作	课堂学习	2 学时	课堂学习资料	1. WPS 办公软件； 2. 图形处理软件 Illustrator、Photoshop； 3. 动画制作软件 Flash CS6、Mugeda
	实训学习	2 学时	任务素材（脚本、图片、音频、场景设计等）	
	网络学习	1 周内	自主学习资料、作品案例、微课视频	

任务知识体系表

学习主题	知识类型	知识点	资源	学习进度
工作过程 1：确定任务，明确职责	核心概念	H5、交互、电子书	微课：H5 交互式电子书	
	工作原则	保密原则、原创原则		
	工作方法和内容	审阅项目管理部门下发的动画制作工单	阅读材料：任务工单	
	工 具	Office 办公软件、Flash CS6、Mugeda		

续表

学习主题	知识类型	知识点	资源	学习进度
工作过程2：素材整理，场景设计	核心概念	故事场景构思，剧本撰写		
	工作原则	场景的连续性，故事的完整性		
	工作方法和内容	根据任务工单，剖析主题，利用Photoshop、Illustrator软件以及收集到的素材，进行场景设计，并撰写脚本	阅读材料：优秀动画作品赏析 阅读材料：素材网站	
	工具	Office办公软件、Illustrator、Photoshop		
工作过程3：交互设计，生产制作	核心概念	动画制作、交互设计		
	工作原则	场景画面的整体性、统一性、连续性		
	工作方法和内容	在Mugeda软件中制作H5动画，通过资料学习、视频学习、技能实践熟练进行滑动交互制作、手势书写类交互制作、3D空间类交互制作、行为引导交互制作、选择类交互制作	微课：H5的交互类型 案例：滑动交互 案例：手势书写类交互 案例：3D空间类交互 案例：行为引导交互 案例：选择类交互 阅读材料：交互式动画制作流程	
	工具	Photoshop、Illustrator、Flash CS6、Mugeda		
工作过程4：作品评价，输出发布	核心概念	交互式动画作品测试，交互式动画作品输出，交互式动画作品在媒体平台发布	阅读材料：交互式动画的评价标准	
	工作原则	有效性原则、安全性原则		
	工作方法和内容	Mugeda交互式动画作品输出，以及动画作品在公众号平台发布	企业案例：交互式动画作品发布	
	工具	Mugeda、动画运营平台（公众号、小红书）		

4. 学生分组

课前，请同学们根据异质分组原则完成分组，在规定时间内完成组长的选定。学习任务分组模板见下表。同时撰写出各成员的个性特点及专业特长。此分组情况根据后续学习情况会及时更新。

学习任务分组

<table>
<tr><td rowspan="7">班级：</td><td rowspan="7">组别：</td><td>成员姓名</td><td>个性特点</td><td>专业特长</td></tr>
<tr><td></td><td></td><td></td></tr>
<tr><td></td><td></td><td></td></tr>
<tr><td></td><td></td><td></td></tr>
<tr><td></td><td></td><td></td></tr>
<tr><td></td><td></td><td></td></tr>
<tr><td colspan="3">组长：</td></tr>
<tr><td colspan="5">任务分工</td></tr>
<tr><td colspan="5"></td></tr>
</table>

5. 知识获取

根据学习要求，请先自主学习、查询并整理相关概念信息。

关键知识清单：H5、交互类电子书、交互类型、H5交互类电子书的制作平台和工具。

（1）学习目标

目标1：正确查询或搜集关键知识清单中的概念性知识内容。

目标2：描述关键知识清单中的概念性知识含义。

（2）学习活动

学习活动1：查一查

以小组为单位，通过网络查询和相关专业书籍查阅，初步理解以上概念性知识。请将查询到的概念填写在下面（若页数不够，请自行添加空白页）。

学习记录

学习活动2：说一说

以小组为单位，在组长的带领下，请每位同学用自己的语言说一说对以上概念的理解。

学习记录

（二）制定计划

为了完成交互式动画电子书制作任务，需要制定合理的实施方案。

1. 计划

（1）学习目标

通过对交互式动画的制作与发布，掌握动画制作软件、平台的应用，培养文献检索、资料收集、材料总结的能力，培养交互类电子出版物资源规划、计划管理的能力。

（2）学习活动：做一做

请通过案例分析或学习引导微课，提出自己的实施计划方案，梳理出主要的工作步骤并填写出来，尝试绘制工作流程图。

学习记录

2. 决策

（1）学习目标

在组长的带领下，能够筛选并确定小组内最佳任务实施方案。

（2）学习活动：选一选

在组长的带领下，经过小组讨论比较，得出 2 个方案。导师审查每个小组的实施方案并提出整改意见。各小组进一步优化实施方案，确定最终的工作方案，并将最终实施方案填写出来。

学习记录

（三）任务实施

为完成模块五的产品制作与输出学习任务，必须进行以下 4 个工作过程学习。

· 工作过程 1　确定任务，明确职责 ·

1. 学习目标

目标类型	学习目标	学习活动	学习方式
知识目标	1. 读懂任务工单，了解动画设计需求； 2. 了解常见的交互式动画制作平台、工具	学习活动 1	课堂学习、岗位学习
技能目标	1. 明晰交互式动画相关任务工单中的需求细节，了解工单的主要构成元素； 2. 根据职责合理完成小组任务及人员分工	学习活动 2	自主学习、岗位学习
素质目标	提升动画创作目标的明确性，加强与客户沟通，达到技术参数和视觉效果的统一，规避矛盾冲突	学习活动 3	课堂学习、岗位学习

2. 学习活动

学习活动 1：找一找

扫码获取 H5 交互式电子书和模块五任务工单，思考交互式动画制作所用到的素材有哪些，采用的软件是什么。同时，记录查阅过程中的疑问。

H5 交互式电子书

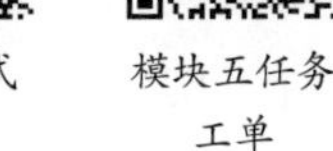

模块五任务工单

学习记录

学习活动 2：做一做

根据交互式动画制作任务工单，各组同学进行任务分工。可以用表格或思维导图形式展示任务分配和职责分工，并将分工情况记录下来。

学习记录

学习活动 3：想一想

除了合同约定的参数要求，对于动画作品的验收，很多时候合作双方难以就工作成果给出一个完全客观的验收标准。通常只能由定作人进行验收确认，对承揽人的工作成果给予评价，该类评价有时会稍显主观。如果你是动画承揽人，将如何规避这个问题？想一想，在接下来的动画制作过程中如何做好沟通衔接工作。

学习记录

3. 课后练习

学习活动：做一做

根据企业安排和提供的学习素材（请在本书封底链接地址下载），独立完成“确定任务，明确职责”练习。请将岗位练习成果或总结整理汇总，放置在活页教材中，并在下次辅导时提交给导师。如遇到疑问或挑战，要及时通过“工匠讲堂”线上平台咨询导师。

学习记录

· 工作过程 2　素材整理，场景设计 ·

1. 学习目标

目标类型	学习目标	学习活动	学习方式
知识目标	1. 通过素材收集，了解交互式动画常见素材，如音频、视频、图片等； 2. 通过赏析优秀作品，掌握动画场景设计的主要内容	学习活动 1	课堂学习、岗位学习
技能目标	1. 通过使用文献检索网站，具备文献检索、资料总结的能力； 2. 通过使用素材网站，具备收集整理各类素材的能力； 3. 能完成动画制作场景设计	学习活动 2、3	课堂学习、岗位学习
素质目标	在素材采集、加工、贮存、传播和利用等各个环节具有权属意识，拥有职业道德	学习活动 4	课堂学习、岗位学习

2. 学习活动

优秀动画作品赏析

学习活动 1：说一说

扫码赏析优秀动画作品，小组讨论，剖析案例的主题风格、场景设定形式、所用素材类型等，并阐述作品中对你触动最大的场景效果，做好记录。

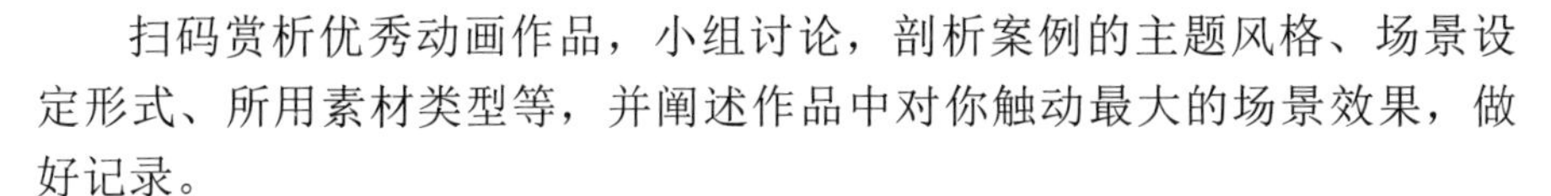

学习记录

学习活动 2：做一做

素材网站

小组讨论，剖析“赓续传统文脉，绽放青春华彩”主题，使用文献检索平台、素材网站，查阅资料，收集素材，选定主题故事，确定主题风格，搭建故事框架，并将过程记录下来。（故事主题风格需和动画定作人沟通细节后确定）

学习记录

学习活动 3：做一做

继续查阅资料，根据故事框架，完善情节，设计角色形象、动画场景，对动画每个场景进行预想设计，形成详细场景剧本，并绘制草图。（场景剧本和动画草图需与定作人沟通细节后确定）

学习记录

学习活动 4：查一查

通过小组研讨、网络查询等方式，查一查将要用于“赓续传统文脉，绽放青春华彩”主题的素材信息的权属问题，确认是否免费、有无版权、可否商用等。

学习记录

3. 课后练习

学习活动：做一做

根据企业安排和提供的学习素材（请在本书封底链接地址下载），独立完成“素材整理，场景设计”练习任务。请将岗位练习成果或总结整理汇总，放置在活页教材中，并在下次辅导时提交给导师。如遇到疑问或挑战，要及时通过“工匠讲堂”线上平台咨询导师。

学习记录

· 工作过程 3　交互设计，生产制作 ·

1. 学习目标

目标类型	学习目标	学习活动	学习方式
知识目标	1. 了解交互控制的基本原理； 2. 掌握交互式动画常见交互设计类别	学习活动 1	课堂学习、岗位学习
技能目标	1. 根据故事场景和用户需求匹配合适的交互设计； 2. 对交互设计的合理性进行评议； 3. 根据场景设计和交互设计，按照动画制作原则，使用 Mugeda 制作出完整性、连续性、创新性兼具的动画作品	学习活动 2 ～ 4	课堂学习、岗位学习

2. 学习活动

学习活动 1：学一学

通过学习 H5 交互类型，了解常见的交互设计类型。学习手势书写类交互、3D 空间类交互、滑动交互、行为引导交互、选择类交互等的制作案例，根据所给素材，完成对应的交互制作练习，并做好学习记录。

H5 交互类型

手势书写类交互

3D 空间类交互

滑动交互

行为引导交互

选择类交互

学习记录

学习活动 2：做一做

学习交互式动画作品制作流程案例。在规定时间内，分析作品的交互类型应用，解析详细参数。基于客户和用户需求，结合任务工单要求和场景需求，匹配合适的交互设计。

交互式动画制作流程

学习记录

学习活动 3：评一评

➢ 活动名称：交互设计评价与分析。

➢ 活动目标：能够正确分析交互设计中存在的问题。

➢ 活动时间：建议时长 15～20 分钟。

➢ 活动内容：从用户需求、吸引力、场景匹配、交互设计合理性等角度出发，对活动 2 中做完的交互设计进行小组互评，记录问题，投票统计出现频率高的问题。对这些问题进行原因分析，并做修改。

➢ 活动工具：投票统计工具。

学习记录

学习活动 4：做一做

根据故事剧本、场景设计和交互设计，完成交互式动画制作，并完善细节、特效、声音（包括配乐）、交互元素。（制作过程中需及时和客户沟通细节）

学习记录

3. 课后练习

学习活动：做一做

根据企业安排和提供的学习素材（请在本书封底链接地址下载），独立完成“交互设计，生产制作”练习任务。在操作过程中，如有疑问，要进入“工匠讲堂”及时与导师进行沟通完善，并将沟通过程、问题解决方案记录下来。

学习记录

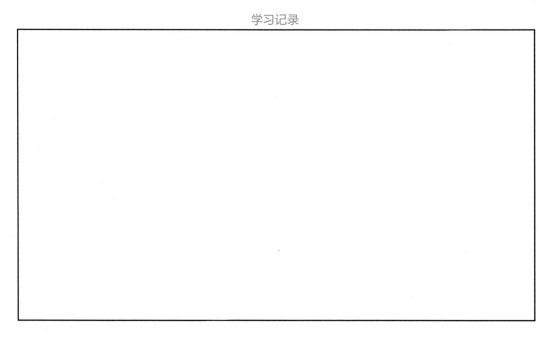

· 工作过程 4　作品评价，输出发布 ·

1. 学习目标

目标类型	学习目标	学习活动	学习方式
知识目标	1. 通过对比交互动画的评价标准，熟练掌握动画制作的基本要求； 2. 通过用户体验测试，了解用户测试方法	学习活动 1、2	自主学习、课堂学习
技能目标	1. 经过作品测评反馈，运用 Mugeda 平台进行交互式动画编辑管理，修改完善作品； 2. 熟悉微信、小红书等平台动画发布流程，能独立完成动画作品在媒体平台的发布	学习活动 3、4	岗位学习
素质目标	具备信息化素养，以及总结归纳、鉴赏能力	学习活动 5	岗位学习

2. 学习活动

学习活动 1：评一评

通过学习交互式动画评价标准，对做完的交互式动画进行小组互评。各小组需记录评价过程中的问题。统计分析问题出现频率较高的问题，并进行原因分析和改正。

➢ 活动名称：交互式动画作品评价与分析。

➢ 活动目标：能够正确分析评价存在的问题。

➢ 活动时间：建议时长 15～20 分钟。

➢ 活动内容：小组互评工作过程 3 中所制作的动画作品，记录问题，投票统计出现频率高的问题。

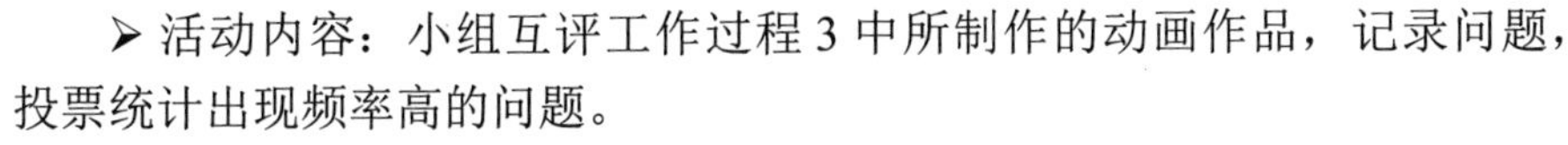

交互式动画评价标准

➢ 活动工具：投票统计工具。

学习记录

学习活动 2：测一测

邀请 10 位具有代表性的用户参加现场测试，让他们在测试过程中体验交互动画中的交互设计。通过对试验用户完成任务过程的观察，确定设计中的可用性问题。在试验中收集让用户感到困惑的操作，以及与设计师的设计出发点不相符的地方。在可用性测试试验结束后，对试验用户进行简短的访谈，进一步确认用户的真实想法并收集一些好的建议。

学习记录

学习活动 3：议一议

结合小组成员之间互相评价的结果、用户体验反馈意见、导师点评意见、定作人反馈意见，小组成员梳理作品中存在的问题，并对动画制作过程中涉及的知识点进行巩固。将知识点中未能掌握的内容记录下来，讨论改进措施，查缺补漏，进一步完善作品。

学习记录

学习活动 4：做一做

通过学习交互动画作品发布，导出作品链接和二维码，在小红书或微信公众号进行作品发布。在发布过程中，请将出现的问题记录下来，并分析原因。

交互式动画作品发布

学习记录

学习活动 5：想一想

完成动画制作后，需进行发布和推广，让更多的用户了解和体验到动画的魅力。查阅资料，梳理动画推广运营的方式有哪些，并列举 1 个经典动画推广案例。

学习记录

3. 课后练习

学习活动：做一做

根据企业安排和提供的学习素材（请在本书封底链接地址下载），独立完成“作品评价，输出发布”练习任务。在操作过程中，如有疑问，要进入“工匠讲堂”及时与导师进行沟通完善。

学习记录

（四）检查评价

学习活动 1：评一评

- 活动名称：学习质量评价。
- 活动目标：能够正确使用学习评价表，完成学习质量评价。
- 活动时间：建议时长 10～15 分钟。
- 活动方法：自我评价，小组评价，导师评价。
- 活动内容：根据学习过程数据记录，进行自我评价、小组评价和导师评价。
- 活动工具：学习评价表。
- 活动评价：提交评价结果、导师反馈意见。

学习记录

学习活动 2：评一评

根据全国职业院校技能大赛高职组“融媒体内容策划与制作”赛项评分标准制定该检查与评分表。请梳理整个环节内容，并进行自我评价，然后将表交给组长进行组内评价，最后反馈给导师，由导师评价。

学习检查与评价

班级：　　　　　　任务名称：　　　　　　组别：

典型工作任务	评价内容	自评	组内互评	导师评价
任务导入（15 分）	查找与任务有关的资料			
	主动咨询			
	认真学习与任务有关的知识技能			
	团队积极研讨			
	团队合作			

续表

典型工作任务			评价内容	自评	组内互评	导师评价
制定计划（15 分）			1. 完成计划方案（10 分） 计划内容详细 格式标准 思路清晰 团队合作			
			2. 分析方案可行性（5 分） 方案合理 分工合理 任务清晰 时间安排合理			
任务实施（共 70 分）	技能评价（50 分）	工作过程 1：确定任务，明确职责	能够正确理解交互式电子书			
			能够正确认识 H5			
			能够完成信息筛选，准确剖析主题			
			选题角度符合要求，积极向上，具有正面导向意义			
			项目内容、制作形态与目标用户匹配			
			创意思路清晰，能体现出创新思维			
			团队分工明确			
		工作过程 2：素材整理，场景设计	具备文献检索能力和资料总结能力			
			合理选择使用文稿素材与配图			
			场景脚本设计故事情节完整			
			标题符合比赛规定的主题，文字、页数符合要求			
			页面规格为标准竖版，作品类型得当			
			创意说明符合要求、清晰完整			
			作品结构合理、完整、有逻辑			
			分页脚本结构清晰，各要素完备，每一项符合要求，表达清晰，紧扣主题，配合合理恰当，内容有创意			

续表

<table>
<tr><th colspan="3">典型工作任务</th><th>评价内容</th><th>自评</th><th>组内互评</th><th>导师评价</th></tr>
<tr><td rowspan="18">任务实施（共70分）</td><td rowspan="16">技能评价（50分）</td><td rowspan="10">工作过程3：交互设计，生产制作</td><td>作品结构完整、合理</td><td></td><td></td><td></td></tr>
<tr><td>作品页面规格及文件大小符合要求</td><td></td><td></td><td></td></tr>
<tr><td>导航设计合理，与版面协调</td><td></td><td></td><td></td></tr>
<tr><td>页面风格统一，文字、色彩、版式设计美观大方</td><td></td><td></td><td></td></tr>
<tr><td>作品交互设计有趣、新颖，逻辑判断正确</td><td></td><td></td><td></td></tr>
<tr><td>平面元素、多媒体素材处理得当</td><td></td><td></td><td></td></tr>
<tr><td>动画设计丰富、流畅</td><td></td><td></td><td></td></tr>
<tr><td>制作与主题相符合的logo</td><td></td><td></td><td></td></tr>
<tr><td>作品有独到之处</td><td></td><td></td><td></td></tr>
<tr><td>用户交互性强，体验好</td><td></td><td></td><td></td></tr>
<tr><td rowspan="6">工作过程4：作品评价，输出发布</td><td>作品体验良好，阅读流畅</td><td></td><td></td><td></td></tr>
<tr><td>文字符合任务单要求</td><td></td><td></td><td></td></tr>
<tr><td>声音符合任务单要求</td><td></td><td></td><td></td></tr>
<tr><td>画面符合任务单要求</td><td></td><td></td><td></td></tr>
<tr><td>选择合适的传播渠道，并阐述选择理由</td><td></td><td></td><td></td></tr>
<tr><td>完成作品发布</td><td></td><td></td><td></td></tr>
<tr><td colspan="2">方法与能力评价（10分）</td><td>分析解决问题能力
组织能力
沟通能力
统筹能力
团队协作能力</td><td></td><td></td><td></td></tr>
<tr><td colspan="2">思政素质考核（10分）</td><td>课堂纪律
学习态度
责任心
安全意识
成本意识
质量意识</td><td></td><td></td><td></td></tr>
<tr><td colspan="7">总分：</td></tr>
<tr><td colspan="7">导师评价：

导师签名：
评价时间：</td></tr>
</table>

（五）总结反馈

学习活动 1：反思与总结

➤ 活动名称：学习反思与总结。

➤ 活动目标：能够在导师和小组长的带领下，完成 PPT 报告总结和视频总结。

➤ 活动时间：建议时长 30 分钟。

➤ 活动方法：自我评价，代表分享，导师评价。

➤ 活动内容：首先请小组代表以 PPT 或思维导图总结形式完成课堂分享。然后针对课后作业，要求每位学生在组内以 PPT 报告的形式完成学习经验的分享，并将分享过程录制成视频，在下课前交给导师。

➤ 活动工具：PPT 或思维导图。

➤ 活动评价：提交反思与总结结果、导师反馈意见。

学习记录

学习活动 2：评一评

以学习小组为单位，评出你所在的学习小组的最佳作品和最佳学习代表。

学习记录

（六）拓展学习

拓展学习 1：岗位学习

按照交互式动画电子书的制作与运营工作流程，下载企业提供的拓展学习任务素材（可在本书封底链接地址下载），进行 H5 作品的制作及运营推广。利用融媒体内容策划与制作赛项题库进行拓展训练（任务素材可在本书封底链接地址下载），对作品进行运营推广，并设计详细的推广方案。练习过程中如遇到任何问题，可记录在拓展学习记录中。必要时可咨询导师，解决练习过程中的难题。

学习记录

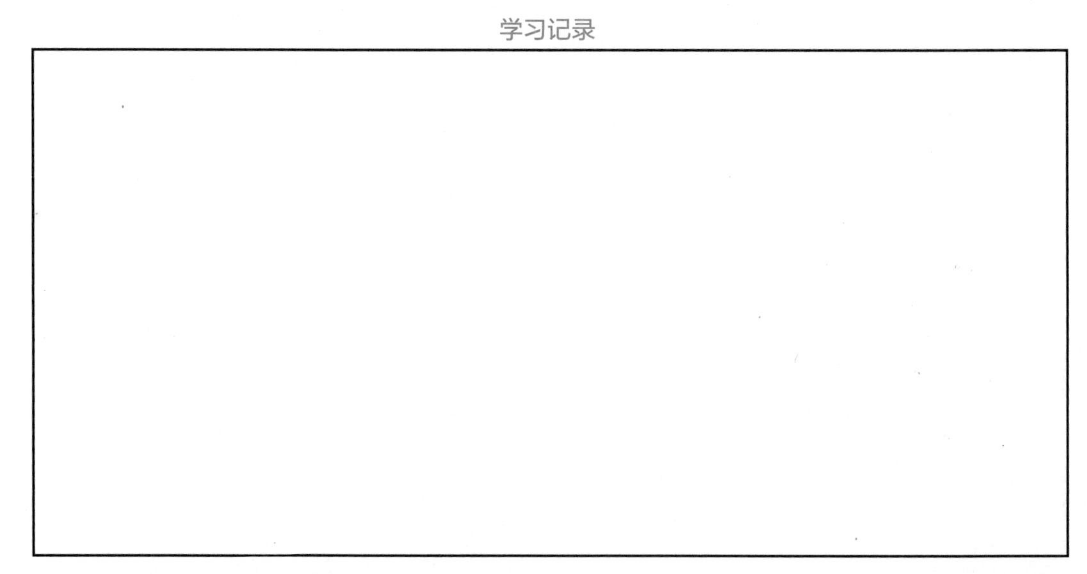

拓展学习 2：赛项竞技

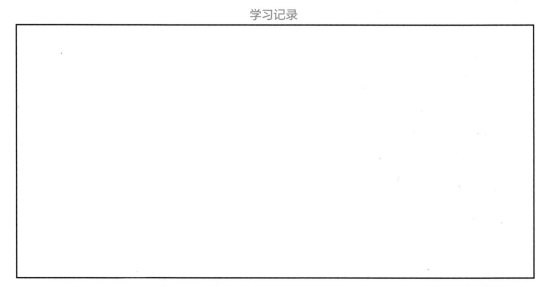

目前，交互式电子书的制作与运营是融媒体内容策划与制作赛项考核的核心内容，请根据所学知识扫码完成与该赛项相关的理论试题的考核。如实记录得分情况，并针对未掌握知识点进行总结及回顾。

考核题库

学习记录

得分情况：
班级名次：
错题分析：

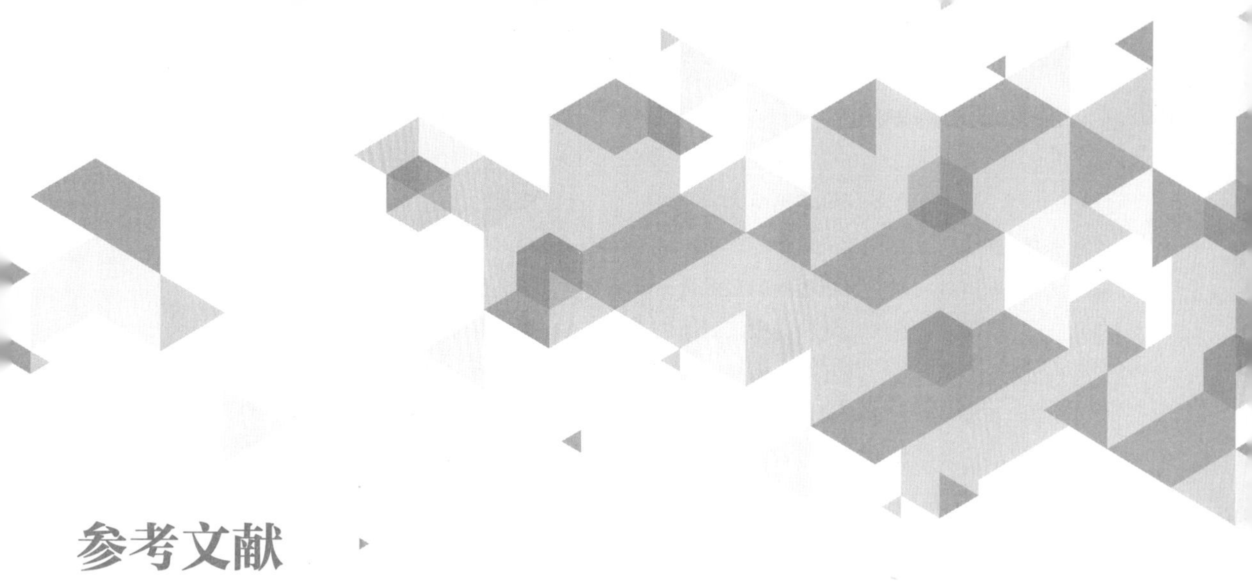

参考文献

[1] 冯丽梅 . 上海城建档案工程图纸数字化和白图交付探索 [J]. 兰台世界，2019（06）：65-68.

[2] 孟志强 . 基于 Creo 二次开发实现工程图快速转换 PDF[J]. 机电产品开发与创新，2020，33（06）：59-60，90.

[3] 耿婷婷 . 博物馆展览折页的设计与制作 [C]// 山西省博物馆协会 . 山西首届博物馆青年论坛论文集，2023：10.

[4] 陈维 . 创意折页印前设计制作要点 [J]. 印刷技术，2021（06）：22-23.

[5] 陈翔 . 浅谈宣传折页版面设计理念 [J]. 就业与保障，2019（15）：32-33.

[6] 商明慧 . QI 插件拼大版实例分析 [J]. 印刷杂志，2018（04）：36-38.

[7] 张学义 . 数字印刷 PDF 文件拼版与实际案例 [J]. 印刷技术，2023（01）：21-22.

[8] 于士才 . 巧用 Acrobat 检查和修复 PDF 文档 [J]. 印刷杂志，2023（06）：40-45.

[9] 胡雪梅，余节约 . 基于 Acrobat 的印前 PDF 文件预检 [J]. 印刷质量与标准化，2016（08）：16-19.

[10] 赖邦柱 . 书刊质量检测工作与要求分析 [J]. 中国报业，2018（23）：100-101.

[11] 卞玉娟 . 精装书生产工艺分析及质量控制 [J]. 印刷技术，2022（01）：11-13.

[12] 乔宇 . 高品质数字印刷助力捷迅佳彩实现百本精装 [J]. 印刷工业，2021（06）：13-16.

[13] 黄汝权，王旭红 . 浅谈数码印刷的精装书印后工艺 [J]. 科技资讯，2021，19（10）：65-67.

[14] 张咏梅 . 骑马订工艺流程及操作要点 [J]. 印刷技术，2018（12）：65.

[15] 刘超，王有明 . 对自锁底折叠纸盒（纸箱）结构关键问题的分析 [J]. 广东印刷，2022（05）：35-36.

[16] 徐筱 . 锁底式纸盒结构的进一步探讨 [J]. 包装工程，2020，41（21）：184-189.

[17] 杨光堂 . 包装印刷中的陷印技巧 [J]. 印刷杂志，2020（04）：15-18.

[18] 翟洪杰，刘三国，聂爱玲 . 如何在印前处理软件中设置陷印 [J]. 今日印刷，2017（05）：67-68.

[19] 廖化 . 中高档酒包装用粘贴纸盒质量及其控制技术研究 [J]. 包装工程，2013，34（07）：123-125，129.

[20] 钟凡 . 文字艺术在纸包装中的视觉传达设计 [J/OL]. 中国造纸，2023（11）：178.

[21] 胡维友 . 包装印刷防伪技术探究 [J]. 广东印刷，2022（03）：36-38.

[22] 夏自由 . 提高版纹防伪性能的设计思路与方法 [J]. 广东印刷，2016（01）：21-23.

[23] 王雅芳，贺涛，徐乐，等 . 卷对卷柔版印刷制备 PET 基 RFID 标签天线 [J]. 电子元件与材料，2023，42（07）：863-870.

[24] 强永胜 . 不干胶标签印刷常见两大问题分析 [J]. 标签技术，2023（03）：37-38.
[25] 邢鑫 . 烫金工艺分析及其过程控制 [J]. 中国包装，2022，42（12）：19-22.
[26] 王丽 . 新媒体时代下报纸版面的艺术设计创新 [J]. 中国报业，2023（05）：148-150.
[27] 汪露，李露 . 图像转向趋势与报纸版面设计创新 [J]. 中国出版，2022（23）：39-43.
[28] 白云 . 报纸版面设计技巧与运用 [J]. 新闻前哨，2022（16）：57-58.
[29] 马勇 . 新媒体时代报纸美术编辑设计创新 [J]. 新闻传播，2021（03）：119-120.
[30] 贾彦金 . 古籍装帧的艺术特点研究 [J]. 广东印刷，2023（04）：50-52.
[31] 霍春梅，段伟，许强 . 中国古籍装帧的形制与美学探究 [J]. 辽宁工程技术大学学报（社会科学版），2023，25（02）：144-149.
[32] 康文慧 . 数字媒体时代下交互式动画设计方法 [J]. 长春师范大学学报，2022，41（08）：78-83.
[33] 张庆，吴毅儒 . 交互式动画在数字媒体中的应用研究 [J]. 时代报告（奔流），2022（02）：31-33.
[34] 戴璐 . 交互式动画在数字媒体设计中的运用 [J]. 大观，2019（11）：120-121.
[35] 宋蕊 . 基于新媒体语境的 H5 制作方法分析 [J]. 电子技术，2023，52（07）：344-345.
[36] 祁志勇 . 利用融合媒体工具平台制作互动 H5——以《澳门之味》的衍生 H5 作品为例 [J]. 现代电视技术，2022（08）：87-90.